审美力

J小姐 著

中国长安出版传媒有限公司

图书在版编目（CIP）数据

审美力 / J小姐著. —— 北京：中国长安出版传媒有限公司, 2025.6. —— ISBN 978-7-5107-1168-8

Ⅰ．B83-49

中国国家版本馆CIP数据核字第2025WY8515号

审美力

J小姐 著

出版发行	中国长安出版传媒有限公司
社　　址	北京市东城区北池子大街14号（100006）
网　　址	www.changancbcm.com
邮　　箱	capress@163.com
责任编辑	刘英雪
策　　划	黄　利　万　夏
营销支持	曹莉丽
特约编辑	曹莉丽　鞠媛媛　杨佳怡
装帧设计	紫图图书ZITO
发行电话	（010）55603463
印　　刷	艺堂印刷（天津）有限公司
开　　本	787 mm×1092 mm　32开
印　　张	8.75
字　　数	90千字
版　　次	2025年6月第1版
印　　次	2025年6月第1次印刷

书　　号	ISBN 978-7-5107-1168-8
定　　价	59.90元

献给新女性的美好生活指南

Chapter 1

美好的生活 离不开审美

/002/	/008/	/014/	/023/	/029/
揭开审美面纱，人人都有审美力	生活中的审美体验	不要变得麻木	漂亮的人和美的人	不要张望别人的『美好生活』

Chapter 2

审美背后的规律

/ 038 /　审美的标准

/ 041 /　「动物审美」和「人类审美」

/ 052 /　人和人的审美为何如此不同

/ 060 /　为什么会出现「审丑」现象

/ 067 /　如何判断你审美品位的高低

Chapter 3

如何成为一个美的人

/ 082 /　/ 093 /　/ 100 /　/ 107 /　/ 115 /

长相有美与丑的标准吗

长相、身材的审美发生了哪些变化

容貌焦虑,来自选美和比美

女孩儿,你要去追求『长期主义』的美

不漂亮女孩儿的美,是最有力量的

Chapter 4

体验宝贵的情感之美

/ 124 /　女孩儿,尽情感受「情欲之美」

/ 134 /　好的爱情,让你有深深的存在感

/ 141 /　独处、自处,内心的沉淀之美

/ 150 /　朋友间的友谊,陪伴互助之美

/ 159 /　父母子女之爱,恰当才美

/ 168 /　善意,天然带着最深的美感

Chapter 5

用审美成为"生活家"

/ 174 /　　/ 186 /　　/ 192 /　　/ 202 /　　/ 209 /

从美食中寻找生活的『小确幸』

从一首乐曲里，感受一段生活

透过电影看世界，品百味人生

透过艺术品，看到思想具体的样子

古董，让你看到时间的流淌

Chapter 6

马上就能做的五件"美事"

/ 218 /　有效休息,保持身心的活力

/ 232 /　打扫房间,营造身心的环境之美

/ 241 /　仪式感,切断生活的平庸重复

/ 251 /　断舍离,洒脱地放手

/ 260 /　服饰穿搭,不仅仅是外表的美

Chapter 1

美好的生活
离不开审美

Chapter 1

揭开审美面纱，人人都有审美力

审美是人类理解世界的一种特殊形式，指人与世界（社会和自然）形成的一种无功利的、情感的关系状态。比如一块石头，你看它可能就是一块石头，但它也可能让你想起村口的石磨。可当你进入它的意象世界和它产生某种情感联结，就有可能感受到它纹路里的沧海桑田。那一刻，你的世界变宽了。

万事万物，不分阶级，都可能与你产生情感联结。比如，你被孩子的笑容感染，你沉浸于单曲循环某一首歌曲，你会觉得生活如此美好。这些情感联结中都隐藏着审美。

我曾看到这样一段形容美的话："'美'这个字很奢侈，你如果在一个下午看到了浦东的树叶在阳光里绿得纷飞，你那一天绝对是奢侈的，因为你不会匆忙，一定有部分的从容和悠闲你才看得到。"

美无处不在,可是在瞬息万变的今天,我们变得行色匆匆,心里难以安定,外加受到对美的固有认知的影响,审美对我们来说,成了一件遥不可及的事情。

因此,我们需要打破固有认知,提升审美力,来对抗生活的庸常,让生活更美好。

固有认知一:无艺术,不审美

如果在网络上搜索提升审美的 100 部电影、100 本书等,大数据推荐给你的往往都是文艺片和与艺术鉴赏有关的书籍,这似乎给人一种心理暗示,即审美是远离普通生活的。

诚然,优秀的文艺片、艺术鉴赏类书籍,对于懂得欣赏的人,会产生美的震撼。但如果对它们没有看下去的兴趣,就能说明你没有审美能力吗?

熟读艺术史的人会欣赏《蒙娜丽莎》,可农夫也会把自己的菜园收拾得整整齐齐,静坐在温热的田埂上看日落。

审美并不限于"知识展示",只有在实践中感知美、创造美，与生活联结起来，才能实现对美的真实体验。

走得慢一点儿，你会看到洒在树叶上的阳光明亮又温暖，小贩阿姨头上的珍珠发夹闪闪发光，橱窗里的小蛋糕既清新又迷人……进入你眼里和心里的，已不同寻常。

慢慢地，你的审美能力就会苏醒，你也会感叹人类智慧、情感的奇妙。

"生活并不缺少美，只是缺少了一双发现美的眼睛。"如何发现生活的点滴之美，我们将在后面的章节中为你详细阐述。

固有认知二：审美是上流社会的事情

很多时候，我们将审美对象限定为艺术品、歌剧、红酒、珠宝等，而且影视剧所呈现的贵族生活场景中也常有这样的物品。

这让我们产生了一种错觉：只有艺术品或者高端产品才是美的，没有财富作基石，是没办法体验美的。

每个人都是这世界的一分子，只是站在不同的角度看世界而已,有人去维也纳听音乐剧,而有人听到商场里的音乐同样心生欢喜。那一刻,美在他们心里流淌。

但是,审美并非"有钱人的特权",我们不放弃审美,美就不会离我们而去。

"我没钱去旅行啊,有钱谁不会玩啊。"

"我没钱买好看的衣服啊,有钱谁不会打扮啊。"

很多人把这样的话挂在嘴边,其实是逃避努力,惧怕行动。

然而,并非生活中所有美好的事物都能用金钱来衡量,有时候,对美好事物的向往和憧憬本身就是一种积极的力量。

一位保洁阿姨是南方人,一提到东北,她的眼睛里就闪着光:"好想冬天去东北看雪,那儿的雪真大,真好看啊。"对雪的渴望令她愉悦,即使没见过大雪纷飞的美景,但每每提及,她的内心都能感受到美好。

有时她会很沮丧地说:"小区南面有一排竹子,长势不太好。还有玉兰花好像也快要死了,不知道明年春天会不会活过来。"

用心观察,静心感知,在平凡的生活里也能发现美。

爱美、追求美,是所有人的权利,无关金钱与地位。

固有认知三:审美对普通人没什么用

这样的错误认知是文化环境所致。当下,我们的美育还不够,甚至连美都被歪曲了,太多人过于注重事物的"实用"价值。

中国古代的诗歌、画作、建筑等,对世界各国产生了极大的审美影响,这里我们不做过多讨论,但对普通人来说,审美确实是有用的。

中华文化传统里的美,比如瓷器上的花纹、宅院里的景观、服饰上的刺绣等,从"实用"的角度来看都是"奢侈"的,可这种瑰丽的文化盛宴满足了我们精神上对美的需求。如果只追求实用,如今的人类可能还在使用简单的食器，衣服遮体保暖、住所能挡风遮雨足矣，无所谓美，更不知美为何物。

在物资匮乏的年代，我们优先要解决的问题是如何活下来，只能先考虑实用性。可支撑我们渡过难关的，还有内心对美的渴望。

实用之外还有精神需求，"美能变成精神财富"，美所带来的乐趣会驱散物质上的不安全感，使内心不再"贫瘠"。

想想美食、美景、美衣及美好的情感等，即使疲于奔命，这些美好的感受也会唤起我们对世界的眷恋，给我们前进的动力，就算历经苦难，我们也会勇往直前。

唤醒自己内心的美，审视生活中的美，就像给生活加了点儿糖，每个人都可以品尝甜蜜的味道。

Chapter 1

生活中的审美体验

生活中,人们会去营造美,比如,把家里设计、布置得很有格调,餐盘中摆放着精致的食物,注重穿搭,懂得欣赏艺术,会品红酒等。

但这让人觉得追求所谓的格调、品位就意味着有审美力。实际上,踏踏实实生活的普通人,同样拥有审美力。

日常生活中的审美

美隐藏于我们的日常生活中,需要我们去感知、去发现,唯有这样我们的生活才会变得更有质感。

比如,甲乙两人一起去旅行。甲关注的是地标,拍照留念好证明自己来过,他在每一个景点打卡,生怕错过任何一个。而乙呢,他看到河流在山间奔涌,内心充满力量,他抚摸山间已存在千百年的巨石,感叹自己只是这世间的匆匆过客,他感知到大自然的宏大与奇妙,也深知自己的渺小,所以心存谦卑。两人同样花了三天时间旅行,但是内心的体验是完全不同的。

再如,两人一起吃饭,一人边吃饭边看手机,所以只有第一口饭菜是有味道的,其余的都是在重复做吃的动作而已。另一人一口一口认真地吃,细细咀嚼,感受到米饭在口腔里的丝丝甜味,感受到辣椒的刺激、青菜的脆爽。同样花20分钟吃一顿饭,两个人的味蕾的体验却是不一样的。

审美延展生命的宽度

审美力体现在我们外显的品位上,它亦能拓展我们生命的宽度,让我们的内心富足,生活多姿多彩。

我们生命的长度就是百年左右,难以更改,如果在"实用"中加入"美感",就拓展了生命的宽度,就会有更多的生命体验。

Chapter 1

从这个角度说，一切能让我们产生感受的东西，都可以去体验其中的美。具体的如美食、美景、美人、美居、美术，抽象的如美意、美谈、美德，等等。

具体而言，当一篇文章让你产生身临其境之感，这是审美；当你看到小贩阿姨头上戴着的珍珠发夹闪闪发光，觉得生活是美好积极的，这是审美；当一个悲剧发生，让你流下了眼泪，这也是审美……审美力能帮你感知美与丑、崇高典雅与幽默怪诞。认真体会生活中的悲喜剧，会丰满自己的内心世界。

审美带你进入意象世界

审美不仅是对审美对象本身的评判，比如，这个人长得好不好看、产品设计得美不美观，它还能带你进入意象世界。

比如，妈妈为你的水杯织了一件毛线"外套"，配色很有年代感，算不上美观。从物的本身来看，虽然它不符合当下的审美，但是进入物的意象世界看一看，就能感知妈妈对物品的珍惜和对你的关爱，所以它是有美感的。

再如，一些女孩虽相貌平平，但是身姿挺拔、精神昂扬、走路带风，那么，她身上展现的生命的意志、压不倒的精气神，会感染你，让你知道什么是有力量的美感。

不是所有的审美对象看起来都是美的，但它们的意象会让人产生思考，从而带来不同的生命感受，这也是审美活动。

这就是为什么有人欣赏残缺、阴郁、悲剧等。因为，这些情感体验能丰富我们的人生，减轻迷惑，减少抱怨。

审美力也能帮你开阔自己的意象世界。

Chapter 1

比如，有些人看影视剧会很愤怒——为什么这个女强人就是不妥协？为什么那个男人不拒绝？人们希望看到果断的、道德高尚的行为，一旦影视剧没有满足这些要求，人们就会表达愤怒。其实换一个角度，观看影视作品，我们可以体会人性的复杂、选择的艰难，可以以更宽广的视角去理解这个世界。

可是，人们往往喜欢简单的投射，更愿意看到果决、坚定、理性的角色。就算接纳不了复杂的情感，也要试着去理解、包容，不要一味拒绝，否则会降低自己审美力。

我们在生活中要建立审美意识，要去追求更深、更广的体验，这样才能看到更广阔的世界。

审美是探索欲的来源

人们都有好奇心，它实际上就是探索欲，是由审美驱动的。

我们读历史、旅行、看小说和影视剧，我们跟随古人穿越千年历史，我们在旅行中品美景美食，我们在不同的故事里体验不同的人生。

不得不承认,我们的精神世界如宇宙般广阔浩瀚,看似空荡,却充满生机,只要去探索,就可以发现它的美丽灿烂。

审美可以从你的生活点滴开始,一日三餐、一花一树、一个生命力蓬勃的孩子、一个慈祥笑容的老人……生活中的美等着你去感知、去欣赏,让美贯穿你的日常吧。

扎根于朴素的生活,你会发现美是无处不在的:情感之美、认知之美、意志之美、奋斗之美……生活是多姿多彩的,关注美,你的精神世界会变得丰盈饱满,你的内心会变得柔软,生活也会更加有质感。

Chapter 1

不要变得麻木

现代人的娱乐方式有很多,刷视频、打游戏、逛街、旅行等,但大家常常挂在嘴边的话却是"无聊""没意思"。

因为这种用来"填充"空余时间的"快感"缺少了审美力,无法让人产生更深层的体验,所以我们会产生空虚感。

加点儿调味剂,生活很"美味"

快节奏的生活,让我们无暇去感知事物,人越来越麻木,生活也就越来越无趣。所以我们更需要通过审美力来改变麻木的状态。

如何改变呢?去博物馆欣赏艺术品?看与审美相关的书籍?我们还是先从当下的生活入手,先让自己慢下来吧。

以前的你，早上被闹钟叫醒，然后匆匆洗漱，飞奔出门，到公司楼下随便买一杯豆浆、两个包子当早餐……

然而，要想拥有更深的生活体验，就要去感知时间的流逝，改变行色匆匆的状态。

你可以把闹铃的声音换成鸟叫、泉鸣等轻缓的音乐（听起来就如同在森林里醒来）。设两个闹钟，间隔半小时，这足够让你再睡个美美的回笼觉。起来后伸个懒腰，打开身体的循环通道，让骨骼伸展开来，让大脑慢慢地苏醒。洗脸时，看水在指缝中轻轻流动，听洗面奶的泡泡发出碎裂的声音；给镜子里的自己一个微笑，感受脸上乳液的轻微触感带给你的温柔的力量；出门的时候抬头看看天，感受空气的清新，看阳光洒在树叶上，光影斑驳。开启多么美好的一天。

到公司楼下，卖豆浆的阿姨专注地工作着，看她为你把杯盖扣上，再套上一个小袋子，鼓鼓的包子很可爱……

你一分钟都没有多花，却有了不一样的美好体验。

大部分人的生活，都是由一系列事情堆积而成的，枯燥无味，平淡无奇。但只要我们仔细地感知事物的美好，生活就会像加了糖、盐、醋等调料一样，多了些滋味，我们就会感受到更多乐趣。

Chapter 1

无趣的"假"漂亮和有趣的"真"美人

我有两个大学同学,她们的审美趣味截然不同,一个长得漂亮,很会打扮,走路时昂首挺胸,时常引来很多注视的目光,她也很挑剔,经常说:"这有什么好看的,这也叫风景?""这件衣服丑死了。""这东西也能吃?"虽然她看起来很漂亮,同学们却不怎么喜欢她。

而另一个同学在学校里发现了很多稀奇古怪的角落,她还给很多树起了名字。她会指着天空说:"你看那朵云好像一头雄狮。"她还边散步边对着云朵猜想,构建童话世界。她真的特别有趣,整个人闪闪发光。虽然她长得不算漂亮,喜欢她的人却很多,大家都觉得和她在一起很开心,她不仅能驱散烦恼,还能指引别人去观察生活的细微之美。

我与她们已多年没见面了,只是在朋友圈聊聊天而已。那个漂亮的同学还是那么漂亮,朋友圈的照片也是很有氛围,整个人也很精致;

那个有趣的同学还是那么有趣,她在照片里有时大笑,有时拿着脸一样大的鸡排随性地吃,整个人神采飞扬。

她们最大的差别就是,那个有趣的同学,眼睛真的好亮,那种亮让你觉得她的青春从未走远,而那个漂亮的同学,眼睛很好看,却少了些什么。

我是做形象教育的,我经常说,科技能解决很多问题,让你的面部没有皱纹、不垮不垂,保持年轻的样子,但任何"科技与狠活",都打造不出你眼里的亮光。那种亮光来自你看过的很多美好的东西,只有精神世界丰富的人,才能拥有那样的眼神。

有趣的灵魂是一张审美通关卡

我们说的"有趣的人",其实就是有审美力的人,这样的人能发现更深、更广的东西。我们有个旅行小队,队员们不一定是会打扮的、会摄影的、会写艺术评论的,但都是有趣的,他们都有审美力。

我们自驾走过西北大环线、内蒙古、云南,我们交换

Chapter 1

彼此看到的美好，他让你看羊羔一样的云，你让他看棉花一样的羊，即使路途中会发生很多意外，也不会坏了兴致，我们都能坦然接受，继续向前。

我们的旅行，不仅目的地很美，沿途的风景也很美。白天有呼啸而过的高山、草原，晚上有点点的星光和穿过山间的凉风；晴天时所有风景都光彩绚丽，阴天时所有风景都会变得安静。总之，一切都很好，都很美，让我觉得与这群人同在的生活也很美。

但有很多人会说，生活已经不堪重负了，美是不是显得有点奢侈。其实，正因为生活已经不堪重负，才更需要审美来调节，否则就只剩下奔波和重复了。

我曾看过这样一段话："审美像节日一样，是生活里不可缺少的东西。因为没有审美，就无从感知，从此再好的世界，都与你无关。"如果我们一辈子都在追逐结果，在过程里感知不到美，生命就会枯萎……

对"不配得感"说再见

我希望,正在阅读此书的你行动起来——对潜意识里的"不配得感"说再见。

什么是"不配得感"?就是想谈恋爱,但是遇到比自己条件好的异性就会自动保持距离。这就是很明显的不配得感,而隐性的不配得感更多,它们甚至悄然改变着你的生活。

在我们的形象训练营里,有很多女孩都有不配得感。收入不高的女孩不敢穿漂亮的衣服,别人的一句"骑电动车的穿得跟开豪华轿车似的"会令她羞愧难当,"自觉"选择一些质感不好的服饰;身材不够好的女孩,穿着往往都非常朴素,她们潜意识里会觉得漂亮的衣服是给漂亮的人准备的。做出这种选择,可能她们自己都未必知道是为什么。

如果不能察觉自己的不配得感,并且去抵制它,就会一直被它支配。

不要把审美归于上流社会,无须强调"我们这种家庭,用不着这个""我们这些工薪阶层,能吃饱就可以了",更不要无视自己的审美力。

爱旅游，会攒钱出去玩，欣赏美景，品味美食，即使被人说"穷嘚瑟"，也不妨一笑了之。

惧怕他人评价，只会影响你体验生活，其实选择权真真切切地在你手上，不要舍弃生活中的美好。

留心处，感受"小确幸"

小时候的我们都天真烂漫，看到一只五彩斑斓的蝴蝶会一直追，一直追；上课时，总是觉得老师用彩色粉笔写的字比白色粉笔写出来的更好看，下课后也不舍得擦掉；放学走在田间的小路上，看到一朵漂亮的小花总会蹲下来闻一闻。

可现在，很少有人会看着街边的树木、路边的小花、天上的白云发呆走神了，仿佛大家都在匆匆忙忙地去做"有用的事情"。于是，我们学会了"凑合"，凑合着工作，凑合着吃饭，凑合着谈恋爱，甚至凑合着过每一天……

想改变麻木的现状，就先从留意你身边的小美好开始吧。美并不一定非要波澜壮阔，也可以是细腻绵长。

三五好友聚在一起，是一种美；看茶叶在水中慢慢舒展，是一种美；笑看小孩子的脸上涂满色彩，也是一种美……种种美组合起来，就成了美好图景。

一时感知不到美，并不可怕，可怕的是让这种状态演变成常态。

不要着急，慢慢改变，从食之有味、触之有感开始，留心处，就可能有"小确幸"。

生活里有美，我们要认真生活。

乞丐和玫瑰花

你相信一朵花会改变一个人吗？

有一天，卖花姑娘送给乞丐一朵玫瑰花。乞丐惊喜过望，看着美丽的花朵不知所措。突然，他决定今天不行乞了。

乞丐拿着玫瑰花回到了家，找来一个

空瓶子，装上水，把花插了进去。他看得出神，突然间发现瓶子很脏，配不上这么漂亮的花，于是他立即把瓶子洗干净，重新把花放了进去。可是，这么漂亮的玫瑰花、这么干净的瓶子怎么能放在杂乱的房间里呢？他开始动手大扫除，虽然累得满头大汗，可整洁的房间让他很开心。正要休息时，他从镜子里看到了一个衣衫褴褛、蓬头垢面的年轻人——他自己。他发觉自己竟然如此落魄，这样的人怎么能留在整洁的房间里与美丽的玫瑰花相伴呢？

于是，他立刻去洗澡。这是他几年来第一次洗澡。洗完澡，他又找出几件虽然破旧但干净的衣服穿上。年轻的他变得帅气了，房间从来没有这样干净过，美丽的玫瑰花显得更加鲜艳动人了。

这时，他问了自己一个直击灵魂的问题："我为什么要当乞丐？"瞬间，他觉醒了，他要找工作！

美丽的事物会重建你与世界的联结，促使你做出改变，体验更宽广的人生。

漂亮的人和美的人

生活中的审美对象众多,很多人都喜欢美,更愿意追求美。品尝食物、欣赏电影是在审美,评价一个人好不好看,也是在审美,其中都体现了我们的审美力。

变美第一步:分清漂亮和美

我们经常能听到这样的对话:

"××长得很好看啊。"
"她好看?你有没有审美?"
"××长得真帅!"
"你的审美要往上提一提了。"

Chapter 1

每个人都有自己的审美标准，用自己的标准否定他人的标准，其实是一种审美的偏狭。至于人为什么会有不同的审美，后面的章节里我们会详细讨论。

那什么是"漂亮"，什么是"美"？

我们会说一个小孩漂亮，一个成人漂亮，但是不会说一个老人漂亮，而会说老人美。

漂亮是出彩，比如，这话说得漂亮，这事干得漂亮，它超出了一般的标准，但也要合乎某种规则。

而美是一种情感，一种体验。当我们表达美时，其实是在表达一种情绪，表达我们感受到了美。

也就是说，漂亮是我们根据某些标准给出的判断，是眼睛看到的；美是我们体验到的情感，是内心感知到的。

漂亮会给我们带来冲击，但我们能从美中汲取力量。

比如，捡废品的阿姨穿戴很干净，头发梳得一丝不乱，她把废旧的纸壳码得整整齐齐，你看到后内心会产生一种震撼，你想像她一样认真对待生活，这就是她带给你的美。

再如，你看到一个白发苍苍的老人，独自站在桥上看着夕阳，安静、从容，那一刻你停下脚步，不愿再行色匆匆。也许仅仅 10 秒钟，你的心里就多了些许平静，这也是他带给你的美。

很多人不理解,为什么画家要画老人、肥胖的村妇,摄影师要拍黝黑的纤夫、放牛的孩子?

每个人都有独特的美,它能让人产生某种情感,从中汲取到积极的力量,活得更加平静、从容、坚韧、细致、温和、不卑不亢。这就是审美力的重要所在。

内在美:"感受效果"大于"视觉效果"

要想让人觉得你美,你就要制造感受效果,不要制造视觉效果。

一个女孩年轻漂亮,打扮得很精致,但她消极、沮丧,总是抱怨生活,提不起精神来,你可能会认可她长得漂亮,但是你感觉不到她美;而你愿意与那个胖乎乎,一笑就露出两颗虎牙,会很认真地听你说话,看见你时会温暖一笑的那个女孩在一起,因为这个女孩让你有美的感受。

但很多人会优先考虑视觉效果,认为漂亮的女孩更引人注意。

从择偶角度上说，吸引异性是人类想要获得外形美的主要动机。可要想活出美感，则需要完成自我重建。

什么意思呢？很多人结婚以后，并没有放弃美，不仅在外貌上保持吸引力，还修炼自己的内心，培养自身气质，让自己变得更从容、睿智、通透，这就是发现了美的丰富性，自己也变成自己的欣赏对象。

另外，我们修炼自己的内心，会对人生有更多的感悟，给他人带去更好的体验。在人类社群里有更深的存在感，这也是很主要的追寻美的动机。

我们可以简单地理解为，成为一个有魅力的人，成为一个被尊重的人，就是在追求美感，就是在"变美"。

让自己和他人产生愉悦体验，才是美的根本。

外在美：外在是最外层的内在

我们不能简单地认为，追求外表的修饰就是肤浅的，是无关美感的。其实一个人认真修饰自己的外表，也是用心生活的体现。

无须指责人们对外在美的追求。胖胖的女孩干净精致，矮矮的女孩娇俏可爱，骑电瓶车也可以涂着漂亮指甲油，好好生活就是有美感的。

除皱针让面部变得僵硬，衣着粉嫩，又给人一种分裂感——很多人都想紧紧抓住青春，对年轻的执着和对衰老的恐惧，也体现在外表上了。

我们不应将内在美和外在美放在对立面。其实，外在就是最外层的内在，一切外表的装饰，都关联着一个内心的想法。

Chapter 1

如何成为一个美人

美人既能欣赏自己,又能与他人产生更深的联结,让人在人际交往中更加淡定从容。那我们如何成为一个美人呢?

1. 精神面貌良好,穿着得体恰当,自知自爱,认真对待生活,感知和理解事物的方方面面。
2. 修炼自己的心性,内心有生机,有力量,情绪稳定,眼里有光,对他人抱有同理心。
3. 不断地练习审美,提高审美力,在美中汲取更多的养料,滋养自己。

后面的章节中我们还会详细讨论。现在你要知道的是,你也可以成为美人。

不要张望别人的"美好生活"

我关注了很多家居博主,看她们的房子精美到像家居展厅,一尘不染、没有杂物,处处都是小景观,厨房有各种各样漂亮的锅和碗,做出的食物都透着精致的美感。对比自己的房子,厨房很小,浴缸不够大,没有衣帽间……简直就是"蜗居"。这让我感到沮丧。

于是,我开始思考美好生活到底是怎样的,没有宽敞的房子,生活就不美好吗?

你是否也在张望别人的生活

网络的发达,让我们看到了很多人的美好:独居女孩的"小确幸",一家四口的生活充满仪式感,恋爱生活好甜蜜,退休阿姨保养得很好,年轻帅哥美女无忧无虑……

我们张望别人的生活,觉得"美"就应该是那样的配置,觉得自己的人生简单又无聊,不值一提。

有很多人善意地安慰我们,他们的人生也有很多苦恼。

有时闺蜜们凑到一起,其中那个被羡慕的人总要说点儿不尽如人意的事,其他人作为听者,心理多少会平衡一些。

"我家娃最近叛逆得很,又和我老公吵架了。"

"我一个人住那么大的房子,回家感觉空荡荡的,其实挺难受的。"

"我虽然不缺钱,但是感情真是太空虚了。"

……

每个人都有自己的苦恼,生活可能都是一地鸡毛,但是我不想这样安慰你。

张望别人的生活,就会消耗有限的精力来不自觉地做出比较,这或许会带来短暂的心理平衡,但也会造成心理失衡,让自己的生活变得荒芜。

有人光芒万丈,但可能生活并不理想;有人昂首挺胸,

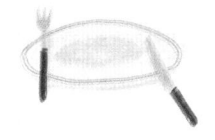

但可能正在经历苦难。

耐心审视自己的生活，认真开垦，努力经营，体验生活的千滋百味，而不再张望别人的生活，你会发现自己的生活也是值得的，你会由衷地感叹，生活原来如此美好。

抛掉"不平衡"，幸福离你越来越近

生活需要辛勤耕耘，而幸福就藏在其中。

有次我去云南泸沽湖旅行，我们的向导是一个小伙子，1998年出生，他说在他七八岁的时候，当地才通了电。我算了一下，那时我已经读大学了，用的手机是摩托罗拉V3，有的同学甚至都开车上学了。闲谈之间，我真切地感受到了差距，也受到震撼。

谈起现在的生活，小伙子很乐观，说他们的日子越来越好，现在的孩子都有书读。他指着一片地，高兴地对我们说："这是我家的地，被政府征租了，一亩每年给三万多元的租金呢。"他接着说："沿湖边的地最贵，一亩给十多万元的租金。政府把地再租给外地人盖酒店、民宿，而出租土地的人还能去那里工作，他们是我们村最有钱的。"

我问他："都是一个村的，你们会不会心理不平衡？"

小伙子说："有什么可不平衡呢，人家那是'祖荫'，他们的祖辈选择了居住在那里，我们的祖辈选择了居住在这里。我们都一样勤劳，过得都比以前好，不用比较这些的。"

小伙子说得很朴实，也很真诚。"比较是杀死幸福的小偷"，他们不和别人比，只过好自己的生活，然而我们却经常困在比较之中。我得到一个苹果很开心，但听说妹妹有两个，顿时就不开心了，还升起了愤怒和埋怨，却忘了之前我连一个苹果都没有。

恰当的"比较"是可以的，想要得到那些好的东西也无可厚非，但如果愤愤不平、抓心挠肝、否定自己所拥有的，只想要比别人更好，幸福就会被吞噬。

我经常对学员们说一句话："你因为那些比你时尚、比你好看的人而产生自卑、挫败感,从而不敢打扮,就相当于一个毫不相干的人路过你家门口,你因为害怕,手一哆嗦就把柴堆点燃了——别人什么都没干,你却毁了自己的生活。"

谁的人生都不是完美的

知道生活的配置不同从而结果不同,我们就会更悦纳自己。

经常有人问我:"J小姐,你是怎么做到工作那么忙,还有时间读书?分享一下你的时间管理方法吧。"

我说:"因为我没有孩子。"

我未婚,没孩子,完全不用做饭,不用辅导孩子作业,更不用处理一堆家庭琐事。你呢?白天工作,晚上陪娃,一会儿有人喊"老婆,衣服在哪儿",一会儿有人喊"妈,作业不会做"。

你琐事一堆,我照顾好自己就行。我比你的存量时间多两倍甚至十倍,我要是跟你讲怎么做时间管理,是不是有点儿"扯淡"?

有些人会说:"我就能做到,我家里俩娃,事业家庭平衡,一年还考了几个证,读了几十本书,你也可以的,做个超人妈妈。"这些话你听了就很焦虑,觉得自己一无是处,怎么自己带一个娃都焦头烂额的,要好好跟这样的人学习才行。但她没告诉你,她家里有两个保姆,老人也在帮忙带孩子,孩子上私立学校,根本不用她操心太多。

我们要有识别事物的能力。别人能轻而易举地做到的事,对你来说可能千难万难。不要轻易自责,觉得自己没有别人做得好,很多时候就是人生配置不一样造成的差别,要根据自己的人生配置,去创造自己的美好生活。

人生的配置很难客观去讲,每个人的起点不同,有些人出生在罗马,有些人出生在山区,所需要付出的努力和对生活的开垦程度,是天差地别的。

要接纳所谓的命运,即接纳我们是个普通人,不抱怨先天配置,是一种难得的智慧。即使努力,与别人的高配置相比仍然差距很大,也不妨碍我们去过自己的美好生活。

在自己的生活里"小"有可为

接纳自己,回到自己的一亩三分地里,不要总盯着别人,看别人种了什么,地是不是比你多,你只需要增强能量去开垦自己的土地。

长得不够漂亮,但你可以身姿挺拔、干净清爽,脸上总是挂着笑容。乐观的你就是人群里生机勃勃的存在,让人忍不住想接近,想和你做朋友,你自然会有"漂亮"的体验。

如果家里有娃,琐事一大堆,鸡毛蒜皮的事情没完没了,那就想办法把每天重复的事情归类,约老公到咖啡厅正式地沟通,分工合作,这会让你的生活越来越有序。

如果工作忙得焦头烂额,加班加点,没有多余的时间去娱乐、旅行,那么,你可以在回家路上看看车水马龙,偶尔奢侈地享受高级食材,边洗澡边倾听温柔小调,在沙发上摆放漂亮的毯子……不需要多做什么,你就能感受生活的美妙。

笃定地生活,给自己设置恰当的目标、恰当的参考标准,任人生长河里波涛汹涌,你亦兴致盎然,积极生活,体验尽兴之美。

Chapter 2

审美背后的规律

Chapter 2

审美的标准

我们常听到一句话:一千个读者心中有一千个哈姆雷特。同样,一千个人赏花,就有一千种对花的感受。这是因为审美是主观的,是没有标准的。

然而,审美虽然是主观的,实际上却是由客观经验叠加而成的;审美看起来是个人的,却有着大众的共识。

其实,审美就是在杂乱无章的事物中,找到章法,发现美。

审美的客观性

人们仰望星空,开始了对宇宙的探索,有了对万事万物的观察、记录,形成了亿万年的大数据库,产生了对事物的结构性感知——比较抽象的、难以描述的标准。

我们接触的所有事物，都有它的组成标准。我们以事物的和谐性、平衡性、对称性、层次感、节奏感等为美，以杂乱无章为丑。

长得好看的人符合一定的人体比例，长得不好看的人则可能比例不佳；好看的风景视觉层次分明、色彩丰富平衡，不好看的风景则单调无序、没有主次。

再抽象点儿说，人有愉悦舒畅感，也有沮丧焦虑感，心情好的时候能感受到有序、和谐，心情不好的时候就会感受到无序和冲撞。

五彩斑斓的花，少有人觉得它是丑的；枯萎腐烂的花，少有人觉得它是美的。一个五官精致的女明星，有人觉得她美若天仙，也有人觉得她长相一般，但不会有人觉得她丑。

客观存在的美被发现后，人们才会感到愉悦。

古时的人们通过黄金分割来表达美，而雕塑就是通过复制客观的比例来实现美的。

审美的主观性

审美又是主观的情感体验。事物令人产生积极、愉快的情绪,就是美的;令人产生消极、厌恶的情绪,就是丑的。

有的女孩身材扁平,渴望塑造出迷人曲线,这都是受主观的影响。

主观有时会"扭曲"客观。比如一个人长相很美,但是性格乖张、攻击性强,让人觉得很刻薄、尖酸,人们便感受不到美。情人眼里出西施,就是这个道理。

还有一些地域美食,外地人尝起来并不觉得美味,但当地人祖祖辈辈都在食用,这种依恋的情感,让他们认为那是天下难得的美食。

主观情感背后,美也是有客观规律可循的,后面我们会详细探讨。

人类有着丰富的情感和心理诉求,对未知事物的兴趣和探索让我们看到世间万物是那么多元,每个人都有机会通过与他人产生情感联结,成为他人审美的对象。

"动物审美"和"人类审美"

通过阅读上一节的内容,我们明确了主观审美背后存在一定的客观规律。你可能有一些模糊的感觉,即有些审美刻在我们的基因里,很古老、很久远;有一些审美就在当下,在我们的情感里、认知里。

刻在基因里的审美共识

刻在基因里的审美共识,是人类统一的。有一个著名的实验,即在世界范围内调研人们对于"风景画的审美",调研人员向不同国家、不同人种的人展示不同的风景画,让他们选出自己觉得美的画。最后发现,得票率高的风景画,都有东非大草原的影子。

Chapter 2

是不是觉得神奇？我们以为自己只记得当下几十年里发生的事。其实我们的"记忆"久远到人类起源时，我们的生命旅程非常的宏大而久远。

我有个习惯，在觉得沮丧、生活没有意义的时候，会闭上眼睛，想象我这支基因或者"血脉"，在起源之初，拼命地奔跑、求生，对抗猛兽，经历沧海桑田的变迁，把遮体的衣服变成华服，把果腹的食物变成一餐一饭的仪式，不但要活下去，还想好好地活下去。

我的内心每每感应到这些,就好像响起了千万年前的召唤。"无论如何,要想办法好好生活,这就是人类的意志。"

静下心来想一想你的那些"本能",那些不用在"当世"学习就自然拥有的能力,比如,感知到背后有人来了;一些"坏事"要发生前的不安;从没有被老虎、蛇伤害过,但就是害怕它们;看到长相凶狠的人,就想躲开;连续几天天气不好时,心情会很低落;还有很多说不上来,但是很准确的直觉……

这些古老的"记忆",在我们大脑的深处存储着。下面,了解了美在大脑里是怎么运作的,你就会更理解审美的差异了。

为了方便理解,我引用了"三重脑理论"。请注意,这并不是一个科学解释大脑结构的理论,所以不能片面地理解为大脑真的分为三重。这一理论是帮助我们理解大脑的演化,理解我们是什么时候成为"人类"的。

"三重脑理论"可以简单地理解为,我们的大脑在进化的过程中经历了下面三个阶段。

Chapter 2

爬行脑——生存"大管家"

我们最古老的脑,叫爬行脑,它已经工作了2亿—3亿年。爬行脑的活动被我们称为"本能",是无须思考就可以出现的。它掌管着心跳、体温、呼吸等生命体征,负责控制身体的基本生理活动,担任着"生存大主管"的职务。因此,爬行脑在爬行动物出现时就已经存在,并且在后续的进化中一直保留下来。

在爬行脑的驱动下,我们产生了维持生命、趋利避害、生存繁衍的本能,而这一切都服务于生存。日常生活中,我们受到惊吓而打战,对尖锐、锋利的物品感到恐惧,怕黑、恐高等,都是来自爬行脑的信号,它在告诉我们什么是"危险",不要去冒险。

我们对熟悉环境的依恋、总想维持原样、害怕变动和改变等,都是在接受爬行脑的"安全"指令。

减肥不容易成功,也和爬行脑有关系。因为如果你突然去健身、跑步,心率骤然提升,爬行脑感觉到危险,就会给你强烈的不舒适信号;突然节食,爬行脑会感觉到能量降低而产生恐慌,就拼命给你下达吃东西的信号。所以在我的课程里，讲减肥的时候，一定会强调循序渐进，跟大脑慢慢地打招呼，不要让大脑"应激"。

想一想还有哪些日常反应，是爬行脑在起"趋利避害"的作用呢？

爬行脑里产生的"美"是什么呢？假设一只壁虎会"审美"，它认为什么是"美"呢？答案可能是安全。在安全的、对自己有利的地方，面对不会伤害自己的生物和环境，它就会觉得美。

爬行脑存储了上亿年的与生存和危险有关的"大数据"，会让你对"有利性"产生美感，对"危险性"产生恐惧感，方便你快速地做出趋利避害的反应。

举个例子，恐怖片中运用的元素大多是黑暗的、血腥的、有尖牙利齿的，比如黑暗里隐藏的危险、猛兽的攻击等。大多数观影者看了都害怕，就是因为我们的爬行脑里存储着这些"危险"的数据。

这些数据，也影响了我们对人的审美标准。比如，长得与食肉动物较像的，骨骼大、五官尖锐、眉眼上挑的人，一般给人的感觉就凶狠；长得与食草动物更像的，五官圆、眼距开的人，给人的感觉就更亲和。

也就是说,我们的审美跟记忆有关。有些记忆是历经漫长过程形成的,有些记忆是当下形成的,比如你很讨厌一个人,也许只是因为他长得像你小时候训斥过你的某个人。

哺乳脑——情绪"调解员"

第二重脑叫哺乳脑,也叫情绪脑。它掌管情绪、社交、信任等,一旦爬行脑感受到不安全,就会将这个不安的信号传给哺乳脑,哺乳脑便产生一系列情绪,如焦虑、愤怒等。它与爬行脑一起工作了近5000万年,二者合称为"动物脑"。

猴子是哺乳动物的典型代表,它比壁虎拥有更复杂的情感,它们组成了族群,有社交,有抚育后代的能力,也渴望在族群里被接纳、被尊重。

"情绪"为什么会演化出来？因为它对于哺乳动物的生存中非常有用，下面就以负面情绪愤怒、焦虑、抑郁等来举例说明。

愤怒：一只老虎入侵另一只老虎的领地，后者会用怒吼、做出攻击的架势等方式来表达愤怒，入侵的那只老虎就可能退缩。如果它不表达愤怒，等那只老虎走近了，就可能打得两败俱伤。可见愤怒有表达边界感、警示的作用。

焦虑：一只猴子发现自己够不到树上的香蕉，就会产生焦虑感，这会支配它寻找工具，想办法够到香蕉。可见焦虑是一种必然存在于目标和行动之间的指引性情绪。

抑郁：一头狮子捕猎失败了，它必然"黯然伤心"一段时间，这能帮助它恢复体力；如果它没有抑郁的情绪，继续去捕猎或战斗，就会因体力透支而受伤或死亡。抑郁有承认失败、休养生息的作用。

由此可见，我们要接纳自己的各种情绪，不能总是排斥所谓的"负面情绪"。

Chapter 2

智慧脑——"高级指挥官"

智慧脑,也称人类脑,是人类独有的大脑。你可以把它理解为一名"高级指挥官",主要掌管分析、计算、创新、预测等智力活动。

刘慈欣在《朝闻道》中写过一个情节,宇宙排险者发现了人类,人类觉得这成了一种威胁,于是问:"你们什么时候开始监控人类智慧的?是在牛顿时代,还是在爱因斯坦时代?"宇宙排险者回答:"都不是,在 37 万年前,有一个原始人在仰望星空的时候,时间超过了阈值。"

我们可以这样理解,正常情况下,一群猴子抬头看天,可能就看一瞬间。但是这个原始人看了 10 分钟,或者更久,证明他对整个浩瀚宇宙有了超出动物本能的好奇感,在他的大脑里产生了一种更未来的、更抽象的东西,慢慢演化出了人类独有的智慧脑。

我们现在能创造大量科技与文明,是因为我们拥有了智慧脑,人类不再是简单地对信息产生反射,而是学会了思考、分析信息。

但是,我们在使用"大脑"时,响应最快的却是动物脑，比如别人骂你，你马上打他一巴掌，这就是直接"反射"，所以科学家们才说，人类并没有完全脱离动物性。

智慧脑不像动物脑启动得那么快，它需要一些时间做出反应。一旦智慧脑开始运用分析、预测的能力，人就会意识到，当时不该那么冲动，冲动会引发更多麻烦。

通俗地说，我们大脑里有很多"戏"，我们能推测还未发生的事，做出一系列的假设，动物则不可以。我们经常调侃"说话要过脑子"，指的就是应该先分析话说出去会有什么后果。"过脑子"，过的就是智慧脑。

智慧脑是充满想象力的，有无限的空间，它能支持我们产生更多的情感体验。智慧脑里的审美，是人类在各类活动中，伴随拓展生命的宽度而产生的，是关于生命的更深刻的体验。这种审美会超脱于具体的内容，产生更多的精神感受。比如，在原始部落，有一个部落的人捡到一块像刀一样的石头，这帮助他们打了胜仗，于是这块石头一代代传下去。经过很多人的抚摸，它变得光滑，不再锋利，没有了"工具"的价值，但是它表达了人对物的感恩和眷恋，这就是人类逐渐从有利性、强大性里演化出抽象的情感的过程。不再锋利的石头是"无用"的，但是它寄托着情感，我们在第一章的时候就讨论过，很多时候，美是"无用"的。

因为有了丰富的情感需求，人类在石器上画森林、大海、太阳，表达对它们的感恩，渴望获得它们的力量。到后来，我们有了华服、歌舞、灿烂的文明，这些都是建立在人类特有的审美之上的。

智慧脑让审美具有"扭曲力"

从审美角度对"三重脑"进行解读,我要强调一点,千万不要觉得智慧脑是高级的,动物脑是低级的,而总想剥离那些本能的部分,比如,要求自己要绝对理性、冷静,这是不现实的,人类脑之于漫长的生命长河而言,存在的时间非常短暂。我们所谓的身体反应、直觉指引,以及古老的"身心智慧"和我们对宇宙规律的感应,都存储于动物脑之中。

正是在动物脑和智慧脑的共同作用下,我们才产生了丰富的审美。

内容审美: 物本身的优劣,是否符合安全、先进等标准。

精神审美: 通过物,进入它的意象世界,产生情感关联。

当你看到一个肢体残缺的人时,会本能地觉得他不美,但是当你捕捉到了他乐观的眼神、灿烂的笑容,还有对抗苦难的意志,你备受鼓舞,从他身上汲取到了力量,你就会觉得他是那么美好。也就是说,精神审美是可以优化内容美的,这就是人类独有的"审美扭曲力"。

人和人的审美
为何如此不同

上一节我们了解了,审美不是从"当世"开始的,有些审美是刻在我们基因里的,是在漫长的演化过程中,存储的一些有利的、先进的"大数据",再加上我们在"当世"的生活中形成的对精神上的需求,它们共同作用,形成了我们的审美。

众所周知,人与人的审美不同,是受文化、见识、认知、身边人、接触的文艺作品等决定的,它们最后变成了存储在大脑里的信息,以及内心的向往和渴望。

也就是说,人与人的审美不同,是因为大脑中存储的信息以及内心的向往、渴望不同。

大脑中存储的信息不同

大脑里存储的信息，影响着我们的审美。前面提到过，人类族群的大脑里，会存储一些相似的信息，主要是跟生存、进化有关的大数据，比如，大多数人认为，肢体残缺、五官扭曲、过胖和过瘦都不好看。

当然，大脑存储的信息也会因为文化、生产力差异而不同。比如，非洲有个长颈族，在他们的文化里，长脖子是美的，女性要在脖子上套很多圈，把脖子拉得很长。他们不停观看、崇尚的信息就是"长脖子"，他们看到我们的短脖子会觉得不好看，而我们看到他们超长的脖子，同样也会觉得不好看，因为对彼此来说，对方都太"不常见"了，对于陌生的信息，我们会本能地排斥。

我有个朋友说，他曾经一度因欧美人不符合东方审美而认为他们不好看，后来美剧、英剧看多了，他就改变了这种看法。看多了，就是存储的信息多了，陌生的信息变成了熟悉的信息。

从信息的角度看，想要提升审美能力，就要多存储优质、先进的信息，否则审美就会被困住，他们会觉得只有熟悉的才美，不熟悉的都不美。

在讲穿搭课程的时候，我说过一个重点：如果你总在网络平台买东西，点"猜你喜欢"，你就会反复被差不多的信息洗脑，困在信息茧房里，也就是被封闭在某种审美里，无法向外拓展。

很多人的审美，是随信息环境变化而变化的，比如从农村到了城市、从沿海城市到了山区、从国内到了国外等，审美标准都会随之改变。

再比如，人们最常见的衣品被动提升，就是加入了一家整体形象很好、同事们都很注重衣品的公司，甚至不用主动学习、主动改变，只要长期看这类信息，个人审美自然就会提升。

这也解释了环境为何那么重要，因为环境里都是信息。

当你和别人的审美出现不同时，不要忙着彼此否定，要看是不是双方存储的信息不一样。比如，你经常看美剧、英剧，喜欢轮廓大气、五官立体的人，喜欢简洁大方的服饰；而你同事爱看韩剧，喜欢轮廓窄小、五官精致的人，喜欢有装饰的服饰。她觉得你的衣品太寡淡，你却觉得她的衣品有些小气，其实，这不能说谁的审美更好，只是不同而已。

再比如，你穿破洞牛仔裤回老家，奶奶想给你缝补好，并不是你比奶奶审美更高级，奶奶太土气，只是信息带来的差异而已。在你的信息环境里，破洞牛仔裤代表时尚个性；在奶奶的信息环境里，破洞代表贫穷。

再发散地想一想，那些容易被大众审美接受的音乐、电影、服饰，其实就是事先评估了用户们最熟悉的信息。流传下来的老歌、经典电影桥段、经典服饰，都被反复借鉴，只需改一改，就能创造出更容易被大众接受的东西。在营销学里也有一句经典的概括：创新等于 70% 的熟悉加 30% 的新意。

再说一个现象，我们父母那一辈人，穿衣很简单，没听说谁要学习搭配，但是现在穿衣好像难度陡然增高了，甚

至让很多人困惑，为什么呢？

因为在父母年轻时，服饰品类非常单一，全国都流行差不多款式的服饰，大家的信息环境高度统一，任何人穿新衣服、烫头都是好看的。

但是现在不一样了，服饰品类多，流行风格多样，信息开始难以统一，在你的信息环境里流行瑜伽裤外穿，但在我的信息环境里，我完全不能接受这样的穿法；还有信息的流向不再统一，海量数据给人制造了很多"孤岛"，拿化妆来说，有些人跟欧美博主学，有些人跟亚洲博主学，有些人跟美容院老板学，最终的结果就是互相"看不上"。

可见，要想成为一个衣品好、时尚的人，就要学会使用大众更统一、更熟悉的信息。

内心的向往和渴望不同

在生活中，我们会产生一些向往和渴望。想成为什么样的人，过什么样的生活等，这些渴望会让我们的审美有所不同。

比如，一部电视剧里的角色，很多人喜欢其中的正面人物，也有人喜欢反面人物，但是少有人喜欢很窝囊、很卑微的人物。

可以这样理解，如果你内心渴望具有高尚、包容、利他的精神，就可能喜欢那个勇敢的正面人物；内心渴望用权力践踏规则、用金钱实现欲望，就可能喜欢那个嚣张霸道的反面人物；内心渴望被爱，就可能喜欢集万千宠爱于一身的女主角；内心渴望释放自己的攻击性，就可能喜欢毒舌的女配角。

再比如，我和朋友都出生在长白山脚下，从小就看到过很多森林。我有非常快乐的童年，对山、树、河流有着很深的情感，在长大成人之后，我也非常喜欢不同地方的山水，觉得在山水之中能汲取到自然的力量，更能在山水里感受童年的快乐体验。走到大自然中，我就如同回到了小时候，永远是那个在松软干爽的落叶上睡午觉的小女孩。

朋友却不喜欢去有山有水的地方旅行，因为觉得自己从小到大看够了。她一直想走出家乡，去繁华的都市，逛那些有创意的店铺，买稀奇古怪的小玩意，在 100 多层高的楼上俯瞰半个城市。她觉得都市包容，不孤独，让她那颗不安

的心有处安放,她不喜欢安静,她喜欢繁华和喧嚣。

所以我们一起旅行就会有分歧,我们眼里的美景,也非常不同。但这并不代表我们的审美有高下之分,只是审美标准不同而已。

再拿衣品举例子,你内心渴望女性是帅气洒脱的,就可能喜欢穿皮衣、牛仔服等中性风格的衣服;同事内心渴望女性是温柔的、被保护得很好的,她会喜欢穿纱制的裙子、柔软的毛衣。无论是你评价她穿衣没品位,还是她评价你穿衣没女人味,都完全没有必要,你们只是审美不同而已。

真正的审美进步,是兼容,能发现各种各样的美,百花齐放,而不是各种评判,捧一踩一。

当我们的精神世界更丰富,珍惜自己的向往、渴望,也尊重别人的向往和渴望时,审美就会越来越丰富,我们也更容易欣赏这世界的万事万物。

你能从一座座彩色房子组成的小城里看到这里的人们对多姿多彩生活的渴望；你能从一部电影里，读出创作者们渴望带给你的东西；你能从一个人的衣品里，看出她理想中的自己……你会变得更包容、更接纳，少了很多分歧、争论，生活便因此变得美好起来。

以上就是我为你总结的，为什么人的审美会不同。当你在日常生活中遇到一些审美差异、审美争论时，可以从这两个方面想一想——他所熟悉的信息是什么？他内心的向往和渴望是什么？你就能更好地理解审美现象，就更有能力过美好的生活。

Chapter 2

为什么会出现"审丑"现象

　　大脑里存储的不同信息、内心不同的向往、渴望,会让人产生"萝卜青菜各有所爱"的审美差异。你可能有疑问,审美有差异可以理解,但为什么有一些明显的"丑",能被追捧?

　　比如,时尚界一些怪异的"秀",一些大牌的丑衣服、丑鞋,一些五官不算端正的长相都被追捧。

　　我们以事物具备一定的和谐性、平衡性、对称性、层次感、节奏感等为美,以杂乱无章为丑。

　　客观上,审美和我们大脑存储的信息有关;主观上,它和我们内心的向往、渴望有关。

"审丑"的主观性：
你眼中的"丑"可能是别人眼中的"美"

拿我们最熟悉的饮食文化举例子，我是黑龙江人，出生在一个县城，当地有一种很珍贵的食物，我非常喜欢吃。后来我到了苏州，很长时间没有吃到这个食物，有点儿馋了，就让家人寄了一些给我。食物到了后，我请朋友们品尝，可是他们看了觉得不可思议——这黑乎乎的东西，你怎么能吃得下去呢？

你看，这就是大脑存储的信息不同，我从小就吃，习惯了，它是我很熟悉的东西，但是对没见过的朋友来说，它却太陌生、太吓人了。

比如，我们常听说广东、广西的朋友们吃一些很小众的食物，也觉得难以接受。但在他们当地的文化里，那些都是普通食物，并不特别。

再比如，在中国的文化里，死亡是一件痛苦和隐晦的事情，提到"死亡"二字大家都是讳莫如深的。因此把亡灵和死亡主题搬到喜事的舞台上来呈现，大家很难接受。但是日本对死亡的理解不同，他们有"物哀"文化，对生命的逝去是不回避的，而且是有文化上的表现和探讨的。用舞蹈的形式呈现对亡灵的祭奠和悼念，这在他们看来并不是一件"丧事"。

文化差异，决定了我们储存的信息差异，从而导致了对美和丑的主观体验的差异。比如大口喝酒，在西方人眼里显得毫无礼仪，但在我们的文化里，这是豪迈、洒脱、有气量的表现。

在主观体验里，任何的"丑"都有属于审美者本身的情感体验，是不能称为"丑"的。比如，你穿一件别人认为有点儿怪异的衣服，但如果你自己从中获得了一种愉快，那它就是属于你的美。

"审丑"一定是存在即合理吗

这么说的话，是不是所有的"丑"都是合理的，是不能评判的？

当然不是，审美的时候，你的审美体验属于你自己。但是如果你向外寻求审美的"共识"，那审美体验就是你和他人共同拥有的了,此时就需要考虑他人的审美。

比如,很多地方菜进入别的省市,想要被更多的人接受,就要进行一些改良,以适应大多数人的口味,如果坚持地方特色,就只能服务于在当地的,从菜品发源地来的人,比较难形成规模。

比如,2022年东京奥运会的开幕式,它展现的不应是小众的审美共识,还需要考虑其他的文化、全世界人共同的审美体验,如果执着于自己文化的独特美学呈现,就会显得过于"自我"。从这点比较,我们的北京奥运会,在展现自己的文化与符合世界性审美共识上,确实做得更好一些。

再比如,你穿奇装异服,穿你认为美的衣服,只考虑自己的审美是没有问题的,但如果想得到社会性的评价,让周围人认可你的衣品,传递好形象,就需要考虑他人的审美,去评估大众的审美共识了。

有时候我们对"丑"的反应很激烈,看到大品牌一双很丑的鞋卖上万块,一些主播形象邋遢、语言粗俗但有上百万的粉丝追捧,会特别不理解,想要抨击。

这其实是我们作为大众感受到了审美被无视。拿大品牌做的丑东西来说,你会觉得那些具有话语权的人,在用权

威挑战大众审美:"你说它美它就是美?我们可不认!"哪怕它不是做给大众的,但依然让大众感受到"审美话语权"的压迫感。

还有网络上的那些"低俗主播",以及他们成群的粉丝,会让你感受到"在生活里努力做个有素质的人,遵守公序良俗"的共识受到了挑战。

以上这些,都激发了你的消极情感,所以你会觉得"丑",并且对这些"丑"非常不理解。

但是这些"丑"的审美者,从中感受的、想要体验的,正是这种与大众逆行的反叛,他们在反叛里,获得了积极的体验。

我们不仅仅有大众审美，还有小众审美，以及极小众审美。比如，对大众来说，血腥暴力、脑浆飞溅是令人极不愉快的"丑"，但在好莱坞电影里，有一系列的大片是热衷于呈现这种"暴力美学"的，因为在我们隐藏的本能里，有一些"捕猎""血腥"的熟悉记忆，也有一些内在隐藏的攻击性，需要在文艺作品里释放出来。所以，你在暴力电影里得到的是恐惧、不适的体验，但别人也许获得了一种释放的、愉悦的体验。

再比如，大部分人都怕蛇、蜥蜴等冷血动物，看到它们时调动的可能是动物脑里很久远的恐惧，想要逃避。但也有小部分人，看到它们就觉得很美、很喜爱，调动的是一些关于色彩、花纹、柔韧等欣赏的能力。由此就能看出，人与人之间存储的信息、情感的体验有多大的不同。

理解差异，走出"审美偏狭"

我们再做个小小的总结，来理解人与人的审美差异为什么会不同。

1. 大脑里存储的信息不同

有些共同的审美观点是刻在人类基因里流传下来的，比如蓝天、白云、大草原让人产生美好的感受，雷电交加、暴风雨则让大家联想到坏即将发生。有些审美观点的不同，是由不同地区文化、环境灌输给我们的信息不一样造成的，如东北地大物博，生活在那里的人可能更喜欢开阔的视野、宽大的空间，而苏州小桥流水，生活在苏州的人可能喜欢更有层次的视野、有遮有掩的空间。

2. 内心向往、渴望的不同

人感到愉悦、产生积极情感的原因都是不同的。有的人渴望有自己的心理安全感和边界感，比较喜欢偏冷漠的人，认为不向别人袒露心声，自己就不会受到过度的关心。有的人内心孤独、渴望被看见、被接纳，因而喜欢热情、主动的人，与冷漠的人在一起就很不自在。

这样，你是不是就理解了人与人的审美为何有巨大的差异，因而更能包容他人的审美，更能走出自己的"审美偏狭"了？

如何判断你审美品位的高低

上文中,我们探讨了很多与审美差异有关的内容,你脑海里可能会冒出来一句话"存在即合理"——理解了人的主观审美会受信息和心理的影响,你就更容易处理人与人之间的审美分歧了。

所有的差异都合理,是不是意味着审美品位就没有高低之分了?其实不然,审美品位是有高低的,只有人对美产生的情感是没有高低之分的。

如何理解审美品位的高低

举个例子,我爷爷年轻时就喝我们本地的烧酒,我爸爸买给他的茅台、五粮液,他都觉得不好喝。

你觉得我爷爷对酒的审美品位是低呢,还是只是他的审美与大众不同而已?

我可以告诉你,这是对酒的审美品位不高。

一个对酒有品鉴能力的人,不一定觉得茅台、五粮液比烧酒好喝,但是他知道,这些是好酒,有它的独特性,只是他喝不惯。

能识别出习惯和审美是最基本的审美能力。

我爷爷对酒是谈不上审美的,就是习惯一种口味,在这种习惯里获得了喝酒的愉悦体验而已,所以他对好酒,是没有鉴赏能力的。把习惯之外的一切,都归为不好,这就是一种审美上的偏狭。

审美的高低,在对一些事物的鉴赏上,是有体现的。

什么是审美差异?什么是审美高低?在一定客观标准上的不同体验,就是差异;对客观事物的不同鉴赏能力,就存在高低。

比如,音乐老师从专业鉴赏上说 A 和 B 两个小朋友的音色、腔调都不够好,唱歌都不算好听。

A 家长说,我不这样认为,我觉得我家孩子唱歌很好听,都在调上。这不是差异,是"听不出来",是对音乐缺乏鉴赏能力。

B家长说，我家孩子唱歌是不够好听，但是她唱歌的时候很认真、表情很可爱，让我觉得她的歌都变好听了。这就是知道歌声在客观性上不够动听，但是主观情感上弥补了这部分不足。

B家长对音乐的欣赏、对自己产生的情感体验，都是有感知能力的。

对某些事物构成要素的和谐性、平衡性有感知，就会有鉴赏能力；如果又能在客观不美的事物上找到精神美感，就会拥有超强的审美力。

比如，我是学建筑的，对视觉结构很敏感，如果朋友家的装修存在各种比例、层次、配色的问题，柜子上的把手有横有竖、每个房间各刷一种颜色，那么在我看来，这样的装修基本上没有体现美学。

但是她给飘窗、床前都铺了毛茸茸的地毯，沙发上放了可爱的抱枕，买了漂亮的牙刷杯等。在她的小家里，满满的都是她对生活的热爱，我又觉得是温馨的，这个家承载着一个女孩儿的归属感。

作为一个形象老师，看到一些姑娘的穿搭，只顾显高

Chapter 2

显瘦,不顾比例层次,服饰廉价感强,妆容厚重等,我会觉得她们没有形象规划能力。但是那种尽情装点自己的渴望,对自己花的心思,又让我觉得她们是动人的。

审美品位的高低如何体现

说到这里,你可能很疑惑,像音乐的动听、装修的品位、穿搭的时尚等,这些标准是谁定的呢?

人类从对宇宙的探索、对万事万物的观察中,积累了亿万年的"大数据",产生了一系列的对事物的结构性感知。

比如音乐的结构,大自然里的一切声音,海浪、泉水、鸟鸣、风雨、雷电等,都暗暗地形成了一些我们熟悉的韵律。音乐背后的情感,就是我们对自然的感恩,对生命流淌的那些情感的共鸣。

至于建筑、穿搭等视觉的结构,我们看过的山川湖泊、大自然的各种色彩,祖先们建造住所、制作服饰时考虑的性能、美观、表达,以及我们在光线和空间里形成的"舒适感",都会在潜移默化中形成标准。比如,建筑有洞穴式、蛋形、鸟巢形、塔形、船形等结构,这些都是自然界里常见的坚固结构,它们可能都是宇宙早就写好的答案,人们看这些结构才会觉得顺眼。

在我们的感知里,有很多东西是不可描述的。毕竟语言在人类的生命史里还过于短暂,还无法具体地描述这些标准。我们当下的生命背后,是亿万年的漫长生命史留给我们的很多独属于人类的东西,这也是我们和AI(人工智能)的差别所在。

要想提升审美能力,就必须从根本上打开我们作为人要释放的生命力量,就必须与自然、世界联结在一起,眼里捕捉的美越来越多,审美能力自然就上去了。

Chapter 2

　　我曾经是一个对音乐没有鉴赏能力的人，对歌曲的评价就是歌词好不好。轻音乐没有歌词我听不下去，摇滚乐我又觉得很吵闹，听别人唱歌，也听不出来是否好听。

　　我对吃也无感，朋友们说肉很嫩、汤很鲜，然而我不知道嫩和鲜是什么感受。我也闻不出各种花、香水的味道有什么差异。

　　但是，我相信这些都是可以开发和练习的，至少会给自己带来一些审美体验。当然，我们不必要求自己对所有事物都有审美鉴赏能力，因为它并不一定是均衡的。我对一些明显有视觉结构的东西，如建筑、雕塑、人、绘画、穿搭等，就有较好的鉴赏能力。

　　如何判断自己的审美品位是高还是低呢？审美品位虽然会因人而异，但是否具备一定的审美能力，是不是一个有审美能力的人，还是很好判断的。

你的审美品位是"高"还是"低"

下面列了一些日常的现象,大家可以对照参考一下。

1. 挑剔者不一定审美品位高

我们经常有个误区,一个人总是挑剔,总是说这个音乐不好听、那个菜没法儿入口、某某穿搭真是没品位,等等,就认为他一定有较高的审美品位。实则不然,这属于审美的"偏狭",带着傲慢,这样的人往往通过否定他人获得审美优越感,却不会太有追求美的体验。

2. 迟钝者一定审美品位低

如果日常的感知很迟钝,只关注吃饱穿暖,眼睛里没有其他外物,看春夏秋冬只觉得是时间在流逝,这样就会造成审美的麻木。这样的人很容易觉得生活无聊、无趣,做什么都没意思,什么都不美。

3. 见得多，鉴赏能力可以提高

对客观事物的鉴赏是需要一定的信息累积的，比如要多听不同类型的音乐，才能感知韵律；装修房子之前，也要看很多优秀的案例，存储一些优质的信息，见多了，就会对结构等有感知。

4. 把差异当审美品位高低是种偏狭

有人喜欢莫扎特，有人喜欢周杰伦，这就是差异，但是如果觉得喜欢莫扎特更高级，这就是审美的偏狭。故意让审美产生"歧视链"，就是偏狭地认为所有事物不存在差异，都拉到同一平面去比较高低。

5. 把"看不惯"跟"丑"画等号，也是偏狭

把一些客观上符合美，但你不喜欢、不习惯的事物说成丑的，就相当于否定他人的审美，也属于审美的偏狭。日常生活中有很多东西只是你不习惯，你主观地不喜欢，可以表达主观偏好，但不能轻易地说不美，否定它的客观优点。

6. 审美即使说不出,也有感受

审美能力强不一定能表达出来,因为它受限于表达能力。也就是说,即使一个人不会说、不会写,但只要是对某些事物能产生感受,觉得好吃、好听、好看,眼里有美的光芒冒出来,就是有审美的。

7. 审美不在别处,就在生活里

总追求远方的、殿堂级的美,并不是审美品位有多高,而是缺少对日常美的敏感度。一个审美能力较强的人,是能够在自己的生活里、眼前、近处,找到审美体验的。

8. 理解审美分歧是重要能力

知道人与人的审美是不同的，分歧是由存储信息和向往、渴望的不同决定的，不会因为盲目否定他人或质疑自己产生烦恼，同时能更好地给他人提供审美意见，更包容、接纳他人的审美，是审美的核心能力。

即刻提升审美力的三件小事

根据上述日常现象，大家可以对照一下，看自己是不是一个有基本审美能力的人。以下是想要丰富自己的审美，提升审美能力，马上就可以做的三件小事。

1. 建立自己的多元信息库

录入的信息足够优质，才能培养出好的审美，如果总是被劣质信息"喂养"，审美也会被困在里面。

我们需要不断收集和整理各式各样美的东西，去认识、理解并感受它们，建立属于自己的"优秀作品库"。比如关注一些优质的公众号，观看精彩的电影、杂志、画报，品尝各地可口的美食，看各处美丽的景色，与经历丰富的人打交道等，都是比较好的方式。

此外，看不同国家的电视剧或者电影，可以看到不同国家的人们的文化、生活方式与我们有什么不同，还可以多关注构图、画面、穿搭等。只要你关注了这些，就不仅能记得故事本身，还能丰富自己的审美信息库。

2. 给生活的"旧壶"装上"新酒"

检验自己，是不是大脑里对事物的关注都放在了"实用"上，从而忽略了很多与美有关的"无用之用"。可以看看你的那些能用就行的物品，想不想换个更好看的？你觉得能吃就行的做法，想不想换个新搭配？衣柜里你常穿的服饰，能不能换些不同的款式？

在生活里小小地创新一下，把美感一点点地引入，比如每天充分地打开自己的视觉、听觉、触觉、嗅觉，去感受大自然带来的美好：起床时，拉开窗帘，感受阳光照在身上的温暖；刷牙时，注意薄荷味和海盐味牙膏给口腔带来的清洁感；洗脸时，体会泡沫打在脸上的均匀丝滑感；休息时，观察小狗跑过来时身体的跃动感……充分调动感官，让自己逐渐发现生活中的小趣味，才能洞察生活中和谐、有趣以及充满生机与活力的一面。

这样，你的审美就在不知不觉中被激活，变得越来越丰富。

3. 保持人与人的联结力

联结不一定是和别人说话、打招呼，而是去看看别人，比如，出门时看看保安是年轻人还是中年人，和他们说一声"辛苦了"，看看会得到什么反应；上班路上的人，有的低头，有的抬头，有的很闲散，有的很冷静，穿着打扮也不相同，每个人都那么独特，想象一下，他们从事什么工作，心里在想什么。

为什么要这样做呢？这样做了，我们就知道世界的人是多样的、丰富的，就不再以自己为世界的样本。

我们每个人都有自己的生活和体验。我们保持着和人群的联结，就更容易理解审美的差异和分歧，也会变得更包容和平和。

坚持练习以上三点，你慢慢地就会发现自己的感官被逐渐打开了，你变得不再那么烦躁，也不再急于赶路，更不会时刻想要掏出手机，而是能耐心地听别人讲话，不再表现得只像一个行走的工具了。你更容易汲取到能量了，比如，有人从你身旁路过，他脸上美滋滋的样子会被你捕捉到，你也会感到小小的开心。

此时，你会发现自己的眼神发生了明显的变化，变得更有神采了，因为你眼里的美多了。

总之，去做点儿什么吧，可以不仅是以上那些事，去做任何想做却懒得做的事、想做却不敢做的事、必须做却拖延着的事。最重要的就是开始做，你要相信的是，开始就是重启，就能迎来生活的无限可能。

Chapter 3

如何成为一个美的人

Chapter 3

长相有美与丑的标准吗

对人的审美,是我们经常探讨的话题,但是对于美与丑的标准,很多人并不是很清晰。

你对自己的长相或许一无所知

我上小学时,班级里就有关于谁是"校花""校草"的讨论了,到了中学,就已发展到有排名了,比如"二中十美""八中三帅"等。

"校花""校草"自然会获得一些因长得好看而带来的利好,他们得到的关注更多、有异性缘、更容易获得自信。

长得不好看的同学,会面临一些审美方面的负面标签,这些审美上的负面标签,在之后的成长过程中也会带来持续的影响，让人产生自卑心理。比如，在我的变美训练营里有些同学在描述自己时，会用"缺点"代表整体，她们会重点描述自己嘴巴长得大，不好看；眼睛小，肿眼泡；牙齿不整齐；等等。这是因为在成长过程中，她们曾获得过相关的负面评价，然后一直被自己强化。

有一个长相很好看的同学，在描述自己时完全就是认知失调，把自己说得很丑，同学们都特别不理解。追溯起来，她说小时候自己特别爱美，但是父母总是打压，说她长得丑，这不好看那不好看，还臭美什么。加上父亲把她当男孩养，她一直是短发，穿着也偏中性，导致她的整个学生时期都是黯淡的，没有异性缘，同学们聊到美女时从来不会提到她，所以她一直认为自己很丑。

哪怕后来有很多人说"你长得真的很好看"，她也不相信，总觉得别人在安慰自己，所以她一直对自己的容貌没有自信。

你明白了吗？早期你接收到的关于容貌的负面标签，可能出自某些个体的偏好甚至恶意，是非常不客观的，你不能把这些标签一直贴在自己身上。

我高中时期有个女同学，她学习好，长得又漂亮，很招男生喜欢，当然也招来一些嫉妒。于是一些挑剔的声音开始出现了，有的说她一脸苦相，看起来命不好，听说她妈妈是意外去世的；有的说她走路姿势扭捏不好看……这些声音慢慢地被"恶意"放大，很多人也开始觉得她不好看，确实长了一副苦瓜脸。

还有很多关于容貌的标签，不是来自别人，而是来自自己。比如把自己个性不好、畏缩或有攻击性造成的人际问题，全部归结为外貌没有吸引力，让长相背锅，以逃避付出努力和做出改变。

作为一个成年人，要会觉察那些标签的来源及可信度，把不符合真相的标签一个个撕掉，重新看待自己。

最主要的是，你要客观地理解，人的美是如何散发出来的，客观的长相标准到底是什么，给自己一个更科学的支持。

"美人"的门槛没有那么高

回想一下,前面讲的主观审美背后都有客观标准,有人喜欢丰腴艳丽的美女,有人喜欢瘦瘦小小的萝莉,但少有人觉得五官扭曲或病恹恹的人美。

我们对"美人"的审美虽是主观的,但"美人"这个范畴,确实是有门槛的。

只是我们不能将标准提得太高。比如以西方的面部黄金比例,中式的三庭五眼、四高三低,还有身材的黄金比例,甚至拿明星作标准,普通人跟他们比,难免会产生强烈的容貌焦虑。

"美人"的客观门槛,不能直接拔高到稀缺的程度,就像我们不能拿自己的厨艺和米其林大厨做对比,我们要在大众里找到更平常的审美标准,找到最大的审美自由度。

明白了这一点,就知道"美人"的门槛没有那么高,不一定要长得完美才算美人。符合下面几个客观标准,就可以称得上美。

第一点,人要有"生命性"。我们喜欢活的、有生命的东西,胜过喜欢无生命的,这就是内置在我们基因里的一种"审美偏好",所以我们会对身体健康、有活力、眼神明亮、有生机的人产生"美感"。人害怕衰老,觉得老了以后就不美了,这就是生命性减退。

第二点,脱离原始。我们客观审美的进化,就是对"先进性"的崇拜。你离"原始长相"越远,证明进化得越好。比如,身姿挺拔的就是比塌腰驼背的更美,因为塌腰驼背是原始人类的特征。

第三点,没有重大缺陷。在工业生产里有良品和次品,同样,人类也会默认人长相的完整性。如果一个人有身体残缺、发育不良或严重的皮肤病等状况,可能会让人产生生理性恐惧,但这并不影响他们的内在价值和美丽,只是这些特征让身体失去了和谐性与完整性,我们就觉得不美。

第四点,正态分布。心理学上有重复曝光效应,我们会对常见的东西产生"审美惯性",比如有些老人平时不看影视剧,看见外国人,就觉得"丑",因为在他的认知里,外国人不在常见的正态之中。同样地,当遇到一些身高、体形与常见标准不太一样的人时,我们可能会觉得他们的特点与我们常见的正态分布不太一样，与大众的审美标准有一定的差距。

以上四点是"美人"的门槛，人只要符合了有生命性、脱离原始、无重大缺陷、属于正态分布，就可以进入主观审美的范畴，这时候就是"萝卜白菜各有所爱"了，总有一些人觉得你是美的。从这个角度来说，我们大部分人都是符合客观审美标准的。

"情人眼里出西施"效应

也许你已经发现了，有些人是能够摆脱以上这些客观审美标准的。

比如，一些老人虽然人到暮年，却依然认真生活，好好打理自己，对走向衰亡的生命没有恐慌，平和、从容，散发着智

Chapter 3

慧的光芒，就会产生美感。

比如，在2008年汶川地震中失去双腿的舞者廖智，当她戴上假肢、穿上高跟鞋、化着精致的妆容在舞台上翩翩起舞时，所有人的目光不是落在她冰冷的假肢上，而是被她灿烂的笑容、散发光芒的双眼、昂扬的精神深深鼓舞和吸引，觉得她美极了。

然而有一些人，虽然长相精致，颜值出众，但是傲慢无礼、愚妄浅薄，会令人觉得她毫无美感。

所有动物也有前面提到的四点"审美标准"。比如一头狮子觉得另一头狮子"美"，同样需要满足以下几个条件。

1. 这头狮子要有生命性，是有活力的。
2. 要脱离原始，符合它们的进化水平。
3. 没有重大缺陷，肢体、毛发是健康的。
4. 要正态分布，体形符合族群整体的标准。

以上四点，但凡有一点不符合，比如毛发稀疏、年老、残疾、过于瘦弱或肥胖等，都会成为族群里的"丑"类。

人类与动物有何不同？除了以上这些对内容本身的审视，我们还有精神审美。也就是说，我们的审美是通过一个物，进入它的"意象世界"，与这个物产生某些情感的关联。

我们可以在感受精神审美的时候，克服内容的不足，产生"情人眼里出西施"的效应，即你喜欢这个人，你的精神感受就大于对内容的审视。

有句流行的话，"好看的皮囊千篇一律，有趣的灵魂万里挑一"。人的长相从宏观层面看区别不算太大，但精神层面的美却各有不同，这也给了每个人表现自己美的机会。

当长相平常、个子矮小、一贫如洗的家庭教师简·爱，面对贵族庄园主人罗切斯特的示爱，铿锵有力地说出"我贫穷、卑微、不美丽，但当我们的灵魂穿过坟墓来到上帝面前时，我们都是平等的"时，让我们感受到了拥有独立意志力和自我富足感的灵魂之美。

Chapter 3

用"精神审美"超越"内容审美"

再说说我的故事,我曾经也是一个"丑"女孩儿,高中时体重近150斤,皮肤黑黢黢的,人看着憨憨的,没有男生喜欢。我认为这是因为我长得不美,于是尝试各种减肥、美白大法,比如吃水煮白菜、涂鸡蛋清、白大夫等,结果经过一段时间的尝试体重不仅一点儿没轻反而更重了,皮肤变得敏感爆痘,怕风吹、怕日晒、怕灰尘,脸上开始出现凹凸不平的痘坑……我的内心是非常挫败消极的,产生了世界好不公平,为什么我长得不好看的抱怨,会自暴自弃地大吃,脾气也变得更差了。

后来我突然发现,在学校受欢迎的人,不仅有胖胖的女生,也有黑黑的像假小子一样的女生,有那些给我留下良好印象的人,也有我很喜欢的人。比如,体育委员皮肤黝黑,但是眼睛明亮、很有活力;学校门口守门的老大爷虽然佝偻着背,但是特别慈祥……那时候,我才模糊地知道,一个人的美不仅仅是在于长相。

后来,我越变越好看了。现在回想起来,是因为我不再仅仅追求外貌,而是更多地关注自己的姿态表情、说话方式，放松紧皱的眉头，放下优等生的傲慢和偏见，用欣赏的目光看自己和身边的同学。渐渐地我得到了一些积极反馈，越来越受欢迎，这让我内心更加自信和笃定了。

回忆一下你曾经认定的那些校花校草，他们不一定长相多么出众，但是他们身上都有与青春相关的能量。

所以，想成为一个"美人"，瘦下去、会穿搭，其实是很简单的，让自己拥有更多的能量、拥有内在的坚定、能够散发积极的精神力量，才是我们一直需要努力的。

关于美，我们不必对长相要求过度严苛，一味追求外貌上的精致和"完美"。我们要做的是，放下对内容美上的执着，在主观上对自己包容一些，学着用精神美去弥补内容美的"遗憾"。

觉得自己眼睛太小不好看，那就多进行眼神训练，让自己的眼睛绽放神采；觉得自己太胖减肥困难，那就加强锻炼，塑造形体，让自己看起来昂扬挺拔、精神饱满；因为自己个子太矮有点儿自卑，可以放下对 10cm 高跟鞋的执念，"修炼"自信和气场，让自己小小的身体迸发大大的能量。

多去捕捉"精神审美"激发大众审美的体验，比如展现自己的善良、阳光、乐观、积极、温暖等，别人一定能感受到你的美。

人的主观审美可以在一定程度上改变,产生不同的情感体验。审美标准从来不是完全恒定的,人类审美最宝贵的地方,就是可以用精神审美去改变这些标准,产生丰富的审美体验。

就像鲜花被大众审美接受,但也有很多人在干枯的花里看到生命的流淌,在残缺里感受到"无论我绽放还是枯萎,都是被接纳的"这种更深刻的精神美感。

长相、身材的审美发生了哪些变化

有很长一段时间,在变美这件事上,很多人都喜欢按流行标准去整容,可是在我看来,这不是从根本上解决问题的办法,甚至可能带来新问题。比如,之前流行窄下颌时,你切掉了下颌角,近些年又开始崇尚略宽的下颌角带来的女性力量,这时候你怎么办?难道再去装个下颌角吗?

回顾关于长相、身材审美变化的历史,你就会明白审美是流动的。我们已进入了一个审美多元化的时代,最流行的就是接纳绽放的自己。

Chapter 3

生存的有利性审美

西方雕塑肢体残缺的维纳斯被奉为美神,也就是说,"她"的长相、身材代表着当时人们的审美。但在很多现代人眼里,会觉得"她"腰上肉太多、大腿太粗、胯太宽、整体有点儿胖,等等。

为什么这些特征在当时能代表美呢?因为,刻在我们基因里的"有利性数据",会被简化为"美"的感知。维纳斯的身材就是一整套的"生育大数据",代表早期人类的丰腴加强壮的审美偏好:隆起的胸代表哺乳能力,肚子上的脂肪能为子宫保暖,宽宽的胯部让难产的概率降低,大腿粗意味着有极强的支撑作用,遇到危险时便于带着孩子逃跑等。

对于男性的审美,身高是一个重要的标准,因为在远古时代,打猎的时候,身高高出1厘米,视野的范围就能扩大几平方米,就能更早地看到猛兽,比别人有了更多的反应时间。男性的其他审美标准,比如是否强壮、有力量,都是其打猎能力的体现,也就是说,一套生存的有利性的标准,会变成我们对高个子、有力量男性的审美偏好。

从慕强心理看审美观念的变迁

长相美的基本门槛就是脱离原始，表达一种进化能力。这是因为我们对力量有着本能的崇拜心理，所以把它作为对美的认定标准之一。长相审美的变化，在一定程度上反映了人们生活的变化。

比如，现代人以窄下颌为美，因为窄下颌代表吃的食物更精细，不用撕咬和用力咀嚼；以白为美，因为白代表不用劳动，避免了风吹日晒；以年轻为美，因为年轻代表了更强的生育能力；等等。

有些审美的更迭，也是流行的更迭。比如，过去某个阶段以溜肩为美，它代表不用劳动，手不能提、肩不能扛。现在以直角肩、宽肩为美，这是因为现代女性有时间健身、塑造身材，自律变得流行，直角肩、宽肩能展现女性力量。

Chapter 3

权威选择下的审美

唐朝以胖为美,有一种说法是唐朝时繁荣昌盛,国民富足,不仅人人都能吃饱,还能长出多余的脂肪,胖代表更强大,所以胖就成了审美点。

史学家们还有一种说法,认为对偏胖的杨贵妃的审美是唐明皇个人的偏好,他受到少数民族文化的影响,更喜欢西域风格、大骨架、较胖、有力量感的女性。陈凯歌导演在拍摄电影《妖猫传》时,选的出演杨贵妃的演员是个混血儿,据说就是为了更符合史料记载的杨贵妃形象。

当皇帝迷恋一个女性,认为她美,就相当于发起了一个权威的对美的认定,对当时的臣民会产生极大的影响,大家都认为杨贵妃是美的代表,这就是因权威产生的审美流行的典型例子。

类似的例子,还有"楚王好细腰,宫中多饿死"等。

现在,某些有话语权的人,说哪个女性很好看,社会上就可能以她为标准掀起一阵审美流行。

文化流行决定审美风向

受文化和流行的影响,有人认为亚洲剧做得好,有人认为欧美剧做得好,他们眼中的美就不一样。

回到长相上来,我们看古代的仕女图,其中的公主、宠妃们,她们虽然都是大脸盘,脸上的肉比较多,但我们还是认为她们很美。

到了女性更有地位的近代,审美变为均匀、端庄、大方,以五官较大,面部均匀,平缓为美。

再看当下流行的网络红人的脸,都是小脸大五官,面部立体度高,是一种中西结合的"混血审美"。这其实就是中西方文化交融的体现。混血儿的美被推崇,我们觉得他们很好看,就是受到中西结合审美的影响。

百花齐放——审美进入了多元时代

当下,我们受多元文化影响,产生了丰富的精神审美,审美也进入了一个百花齐放的时代。

长得矮小、温柔，有人觉得可爱；长得高大，有人觉得很有力量；长得丰满微胖，是刻在大部分人基因里的审美；长得瘦弱纤细，是很多人追求的时尚博主身材；肤色黝黑，有人觉得健康有活力；大腿粗壮，有人觉得坚韧有力量。

上文也说过了，也许你长得并不好看，只要你脱离原始、正态分布、没有重大的缺陷，并且能自信地绽放，你也是美的。

同时，也要学会放弃让每个人都觉得你美的想法。

别在追求美里面"求不得"

每个人对美的追求都不同，希望你把健康、有活力、有能量当成追求目标，而不是只关注长相、身材，或者跟一个流行的、人人追逐的容貌身材去对比，觉得自己没有长成那样，是不够美的，甚至因此焦虑。要记住，当你对自己产生挑剔和不满时，你就真的变得不够美了。

与其追逐和迎合流行审美，不如踏踏实实地做自己，在岁月里沉淀，慢慢开花、结果，绽放你自己的美丽！人之所以不同，不仅是因为造物主恩赐的这副皮囊，更因为我们有独特的精神意志，有有趣的灵魂和眼里透出的"我感"。"我感"意味着，无论外貌如何，我都特别接纳自己，向外传递极有能量的魅力。

看看那争相开放的花，有雍容华贵的牡丹，有清丽高贵的百合，有娇艳欲滴的郁金香，也有小如米粒却依然绽放光彩的苔花。每一种花都代表不同大小、不同形态、不同气质的美，而你身处这世间，只管尽情绽放，就一定有属于自己的、独一无二的芬芳。

Chapter 3

容貌焦虑，
来自选美和比美

小时候我对自己的容貌是没有任何概念的，直到我妹妹出生，很多大人说"妹妹比姐姐长得好看"，我就对容貌有了最早的认识，也有了最早的焦虑。

后来，学校里开始流行评"班花""校花"，一个班级里的"帅哥""美女"都有排名。我是那个永远也上不了榜的人，所以对自己的容貌产生了自卑心理。好在那时候我学习好，有长板往上拉，才没有导致过分焦虑。

直到上了高中，情窦初开，我喜欢的男生不喜欢我，他喜欢班级里的美女，我才第一次有了深深的容貌焦虑，在那个需要异性关注的时期，我想，如果能让我长得漂亮，我宁愿学习不好。

从我的经历，你可以看出，如果没有比较，没有美的功利作用，我们可能不会对自己的容貌产生太强的比较心。

我们为什么热衷于"选美"和"比美"

我们不得不承认的是，比较在人类社群里是天然存在的，古人抹不掉等级观念，想办法制造差异，选出"强者"去仰慕，踩着"弱者"去找优越感。

从小我们就开始比谁学习好，谁穿的衣服好看，谁被表扬得多，不比较就不知道自己在社群中的位置。那些不通过比较，就很自信的人，他们的烦恼比爱比较的人少很多。

此外，美的效能也是非常大的，可以引起别人关注，增加自己的存在感，让自己拥有更多的择偶机会等，这都是我们本能上追求的。如果不通过美貌达到这些功利目的，就要有其他超强的禀赋，但这些禀赋好像都不比美貌显而易见、来得容易。

也就是说，"比较"加"美貌"的功利价值，会反复强化人对容貌的焦虑。全社会甚至在不停地推动这种焦虑，比如，举办很多的选美赛事、在网络上对美貌进行打分，等等。

女性的"选美"为什么导致女性之间不由自主地"比美"呢?

第一,在女性缺少学习、创造、就业机会的男权社会里,女性要生存只能依附更有能力的男性。女性的成功被定义为嫁得好、勤俭持家、能生养等。

在这个阶段,女性会被评定,在美貌、个性、生育价值上进行分等,然后进行相应的分配。

比如,皇帝会挑选漂亮的宫女奖赏给有权力或者有战功的男性。在这个体系里,女性的美貌价值被放大了。

第二,美业背后的巨大经济利益。如果没有美的标准和选美的评判,就无法刺激人的容貌焦虑,女性就不会在维护及追逐美貌这件事上大把地花钱。

琳琅满目的变美商品,减肥的、护肤的、口服抗衰的等,想要卖得好,就要刺激女性的容貌焦虑,让她们积极购买。由此,产生心理上的"恶性循环",越焦虑越消费,越消费越焦虑。

第三,美的生产力被放大。过去信息流通相对有限,不同社会阶层之间的交流不够频繁。人们的生活环境和社交圈子相对固定,婚姻和职业选择往往受到较多限制。例如,父母年轻时，即使外貌出众，也很难突破当时的社会环境和阶层限制，婚姻和职业选择更多地受到家庭背景和社会环境的影响。

现在，人们有更多的机会通过网络平台展示自己，分享生活点滴，都能获得更多的关注和认可。这种变化不仅为人们提供了更多的发展机会，也让美的价值得到了更广泛的认可和体现。

网络时代让世界变得更加紧密，美的生产力被无限放大了。

容貌焦虑怎么破

在上述因素的影响下，这个时代逃避不了的容貌焦虑被不断制造出来，那我们要怎么做，才能摆脱这种焦虑呢？

强化自己的"独立意识"，撕掉"物化标签"

现在时代不一样了，女性有了独立生存的能力，不再以附属的形式、礼物的形式存在。女性要有意识地撕掉那些捆绑着生育价值、男权审视的审美标签。

当然,也不要因为身材姣好,就产生羞耻感,觉得这不是当下的"女性力量"。

其实,真正的女性力量,就是对自己的身体全然接纳,喜欢不喜欢都是我自己的事,不受评判困扰,活出自己给自己的定义权。

不要拿放大镜看自己

不要总是着眼于自己的某一点,在现实中你不会只关注别人的某一个特点,你会整体地看他们,记不住别人的长相特点、轻微脸盲,只能靠发型、服饰去记忆,所以盯着细节、改变细节,是变美效率最低,也是最能制造焦虑的。

照镜子时站远一点,至少保持 1.5 米的距离,要以正常社交距离看自己,因为没有人像你一样贴近、仔细地看你。你只要正常地看自己,挺拔昂扬、有生命力、面容舒展,打扮得体,你就是个美人。

从网络世界,回归到现实世界

网络世界给普通人带来的最大弊端就是"没有普通人"了,它让我们轻易地看到那些集中起来的帅哥、美女、爱情、事业等,让你错误地以为世界就是那样的,自己与他们相比真是一无是处。

我直播的时候,经常有人问我:"J小姐,你的皮肤怎么保养得那么好啊?"我说:"因为我开了美颜和滤镜啊。"能提出这样的问题,说明她不知道网络世界是一个相对虚拟的可加工的世界。当你看着明星、网红加上百万修图师合作出来的作品,再看穿着拖鞋、站在昏暗灯光下镜子前的你,你觉得自己皮肤不好、身材不好,这不是自我要求高,而是一种不自知。

多看向现实的世界,多看看身边的人,接纳自己是个普通人,焦虑能少一半。

美不是主要生产力

当然,我们不能夸大美貌的"王牌"作用,不能因为一两个人靠美貌获得了资源等,就觉得美貌是主要生产力。

长得美当然好,但是它的作用不能被过度夸大。拿职场举例子,有人说长得好看的人更容易升职加薪,这其实忽略了对方真正付出的努力,是不公平的。

乐观、善良、敬业、爱惜自己、尊重他人、懂社会的运行规则,才是主要的生产力。

你要明白,美丽的容貌终将逝去,但是智慧会永远闪光。而能不能对容貌有正确的态度和看法,也是智慧的一部分。

同时,不要妄想自己能完全摆脱焦虑,它也是情绪的一部分,接纳它,与它适度地、和谐地共处,而不是被它支配,活成焦虑的奴隶。

女孩儿，你要去追求"长期主义"的美

什么是长期主义？其实就是找到一件事并持续去做。

在人呈现的美上，如果追求容貌的年轻、漂亮、无暇、无皱、冻龄感，这就是奢望，因为这些是在时间长河里不停变化、势必会失去的东西。

如果总是强行留住必然失去的，就会表现出一种用力的执着，即对年龄增长不接纳的拧巴。

如果我们关注的是美里面长期不变的内容，比如，精神上要散发出属于自己的质感，能被人汲取到能量，那我们就能一直美下去。这些内容是符合客观标准的，无论何时都不会过时。

Chapter 3

"年轻态"——内容美上的长期主义

我们不能执着于留住"年轻态",但可以在身体的保养上保持"年轻态",并在心态和精神塑造上下功夫。

"年轻态"是什么意思?不是看起来多么显年轻,而是哪怕你已白发苍苍,却依然有生命力,没有衰老和暮气沉沉的感觉。想要保持这个状态,就要从现在做起。

下面是五个日常的养护建议,供大家参考。

1. 健康的毛发:生命动能的暗示

茂盛的头发,是"动物"生命力的一个直观体现,如果头发过于稀疏、干枯,就会有很强的暮年感。

这也是很多人怕脱发谢顶的原因,因为它会让你比同龄人更显老。日常要注意养护头发,少熬夜,多用木质梳子梳头,保证头皮清洁和血液的正常循环。不要执着于头发的长度,如果发尾已经干枯分叉就应该剪掉,头发柔顺亮泽比长度重要。

2. 红润的嘴唇：心脏机能的暗示

刚出生的健康婴儿，嘴唇都像红樱桃一样，这是因为刚出生时心脏是最有力、供血最足的。随着年龄的增长，我们的嘴唇会有色素沉淀，会变暗，所以嘴唇的颜色，也很能体现一个人的"年轻态"。女人爱用口红，就是因为它能让人看起来有气色。

日常生活中，我们要注意唇部的养护，环境干燥时就要涂润唇膏，给唇部防晒，不要排斥口红。

3. 有光泽的肌肤：年轻的标志

肌肤是很明显的年轻指标，但并非以白为指标，而是以光泽度为指标，光泽代表了表皮受身体循环的滋养，没有枯萎感。但养护肌肤不能只寄希望于涂涂抹抹，而要好好吃饭、睡觉，让身体健康。

在肌肤的养护上有个特别关键的因素，即不要过度清洁。过度清洁会破坏皮脂膜的健康，直接导致肌肤光泽减弱。适当护肤可以，但不要过度护肤。

4. 挺拔灵活的体态：骨骼有力量的暗示

随着年龄的增长，骨骼会慢慢失去力量。这一点我们很容易忽视，挺拔灵活的体态是骨骼有力量的暗示。很多年轻人走路拖着腿、弓着背，呈现出一种老态，而那些"无龄感"的奶奶，无一不是身姿挺拔，灵活不僵硬的。

平时要注意补钙，适当运动，保持肌骨的支撑力、肌肉的韧性，这是一件重要且关系生活质量的事情。

5. 明亮的眼睛：压力的暗示

人们常说，小孩子的眼睛都是亮亮的，随着我们的长大，知道的越多，眼睛反而会慢慢黯淡下来。人一旦很累很疲惫，他的眼神也会黯淡下来。如果能保持眼睛明亮，眼神坚定，就能始终给人一种年轻有活力的感觉。

保养眼睛很关键的是，减少眼疲劳，不要持续地看手机和电脑，闭目转眼球，保持眼球的灵活性，做一做眼部肌群的训练操，保护好眼睛。

坚持做好眼睛的保养，眼睛会长久地保持神采，切忌将此寄托于医美。

"精神质感"
——精神美里的长期主义

说完内容的养护,我们来说精神美的构建。

让我强烈地感受到精神审美的,是80多岁的郑念女士,她白发苍苍,身姿挺拔,眼里有光。看到她,我忽然就没有了对衰老的恐惧,我觉得老了也是美的,发光的,这就是我汲取到的力量。

包括我们看到的87岁的吴彦姝女士、70岁的奚美娟女士,她们身上散发出的那种被岁月磨砺而出的平和稳定的气质,真的非常动人,有一种历经很多,却依然稳定的力量。

Chapter 3

这种精神质感带来的美,与靠医美保养把面部填充到一丝皱纹都没有的美相比,前者更生动、更有故事感和氛围感,写满了对自己的接纳;而后者会有一种"塑料感"、有一种对岁月无痕的执着,同时也代表着一种不洒脱。

当我发现了这种不同,我便更坦然地面对容貌衰老,我的内心也会有笃定的力量升起。

现在我快 40 岁了,在对美的追求上,也有了如下这些调整。

第一,我开始注意自己心性的修炼,不再执着于得不到,也不再关注自己的得到。渐渐放下了对人对事的控制欲,不再是不按我想象的来就抓心挠肝,遇到自己很难处理的心理问题,也会在心理平台上求助专业的咨询师。我不再允许自己困在一件事里自我纠缠,心态好了,我的精神就放松了很多,睡眠也自然好了起来。

第二,我开始注意饮食的均衡,虽然没有那么严苛地计算各种营养含量,但是每天我都会吃白肉、鸡蛋、蔬菜,减少了高油、高盐、高糖的摄入,感觉自己的身体轻松了很多。因为我认真照顾了自己灵魂的殿堂,所以身体给的反馈也很积极。

第三,每天我都会滚泡沫轴,改变肌肉的僵硬感,做身体灵活操,保持身体的柔韧性。每周我还会上两到三节的普拉提课,日常还会练习呼吸,纠正错误的习惯且不再急于追求短时间内改变什么,相信只要继续坚持就会实现抗衰上的复利。

第四,在日常生活中,我非常注意自己的站姿和坐姿,保持身姿挺拔和脊柱的舒展,更正确地发力,和自己的身体建立友好的关系。我开始觉得,跷二郎腿和驼背没有那么舒服了,身体渐渐有了关于"什么是真正的好"的敏感度。

第五,利用碎片时间练习面部操,保持眼轮匝肌的力量和眼球的灵活,让眼睛保持明亮。还活动苹果肌,让下颌线保持清晰,这比填充的价值要大很多。

第六,更关注自己的穿衣风格,也愿意在自己能驾驭的范围做出更多选择。我想通过穿衣这件事更多地开发自己。当你穿得很洒脱时,自己洒脱的一面也会被释放出来,这会让你越来越能感知到,自己的人生是多元的,并不是重复无聊的。

第七,练习爱自己,允许自己做不到,放弃和别人比较,关注自己的道路,不再因为听到外界的声音就质疑自

Chapter 3

己，听到别人有多厉害就产生羞愧，等等。

　　以上这些事，说起来容易，但真的要把它放在自己的意识里认真去做，你的状态会变得完全不一样，会有一种生命原始的喜悦，是能够对抗时间的。

　　快 40 岁的我，有了一种我自己更加喜欢的美貌。所以，希望大家都能沉下心来，去做真正有价值的事情，而不是随意放纵自己。

　　你呈现出的自然美，它背后折射的是你的修行，你每天所做的努力，让你的美更有华彩，是可以被称为"岁月从不败美人的"。

不漂亮女孩儿的美，
是最有力量的

"不漂亮女孩儿的美，是最有力量的。"这句话听起来似乎有点儿矛盾，不漂亮的女孩儿怎么美？

"不漂亮"和"美"自相矛盾

我们在第一章讲过漂亮和美的区别：

漂亮是出彩，是超出一般水平，我们经常说这事干得漂亮，这话说得漂亮；美，是一种感受，是一种愉悦的表达，比如美食、美景、美好的一天，是很主观的。我们会说一个白发苍苍、目光炯炯的老人很美，但是不会说她"漂亮"。

Chapter 3

"漂亮"有客观事实的标准,"美"调动的是我们所有愉悦的、美好的情感。所以你要明确,你追求的是容貌上的"漂亮",还是"美"?

"漂亮",是天赋战场,没有就沮丧,老了就很焦虑;而"美"是看谁能活成一个快乐的、通透的、善意的人,向外散发令人愉悦的能量。

"漂亮"随着岁月的流逝会消失,但"美"非但不会,还会因为美的感受、精气神和意志力生发出越来越多的美感,将美的力量传递给更多的人。

当一个不漂亮的女孩儿产生了一种美感,代表她克服了很多评价,撕掉了很多标签,内心升腾起一腔勇气,活出了自我的光彩,这种美是非常有感染力的。

那个曾经被评为"班级最丑"的女孩儿

下面是一个不漂亮女孩儿变美的故事。

她是我的好朋友栗子,小时候她被亲戚说是遗传了父母长相的所有缺点。

然而，每个人都有自己独特的外貌，这些特征都是他们个性的一部分。栗子的外貌也有着她独特的美，就像世界上没有两片完全相同的树叶一样，每个人都是独一无二的。

她性格内向，不爱说话，小学时，被调皮的男同学起了不友好的外号，面对同学的不友好行为，尽管有时候会感到难过，但她始终保持着乐观和坚强。

在成长的道路上，因为她独特的外貌，导致她不爱说话，不想张嘴，跟家人出去游玩拍照，也是抿着嘴的。

有一次，她无意间听到同事们在讨论她和公司的一个胖女孩儿谁更丑。一个女同事说："我觉得××只要减减肥还是可以的，但是栗子都是硬伤，有甲亢长相，除非整容。"

Chapter 3

听到这话她躲进卫生间哭了一场,从此再看到那些女同事的目光,她都感觉仿佛被灼烧一般……

她想了很久,终于鼓起勇气去整牙,却被医生告知:"这不是牙的事,要动下颌骨,手术风险高,效果也不一定好。"那一刻,她感觉自己唯一的路被封死了。

随着年龄越来越大,她开始被家里人催婚,但很多介绍人把她的照片发出去,就再也没有回音了。好朋友拉着她去买"漂亮衣服",想让她试着改变自己。但每次穿上新衣服,她就会产生"丑人多作怪"的想法。

她经常安慰自己:"丑了几十年了,再晃晃就过去了……"

偶然的一次机会,她接触了户外徒步,走入大自然中,瞬间让她产生了被接纳的感觉。

一起徒步的伙伴都朴实且互帮互助,没有人谈论颜值、打扮,大家在大自然中勇敢跋涉,挥汗如雨,享受沿途美景。

从此,她爱上了徒步。

有一次徒步,驴友为她拍了一张照片,拍完后还说:"你看看,你多好看呀。"

那一瞬间,她竟有了想哭的冲动,这是她人生中第一次被人赞美好看。她相信那是真诚的,因为那个人说得如此真诚。

那个驴友不是别人,正是"自发光"的联合创始人小七,也是我的合伙人。

后来小七回忆说:"我真的没注意栗子自己说的那些缺点,我就觉得这位姑娘不爱说话,但是坚韧、细心、愿意默默付出,在团队里总是愿意承担更多,整个人都散发着温和的光。"小七总结说:"学会欣赏精神美,你就能感受到她内心善意的力量。"

从那之后,栗子经常来我们工作室帮忙,她心中充满了爱,乐于付出,虽然经历了很多"恶意",却始终很温暖,没有把这种恶意转移给别人。

再后来,她成了我的学生,开始坦诚地追求美,她说:"我想更美,我不羞耻于追求美,我也不再认为,我这种底子是不配美的,不配那些漂亮的衣服的。我值得很好的东西、很好的关爱,无论别人怎样,我要爱我自己,支持我自己。"

其实这才是变美的开始,是真的在心里升腾起了勇气、对自己有自信，有了这种力量，美的呈现，只是时间的问题。

后来，栗子加入了我们的团队，开始用自己的经历，鼓励万千的女性，帮助她们克服变美路上的自卑心理。

栗子没有整容，五官没有改变，所有的缺陷都还在，只是气质优先于五官传递了出去。

姑娘，你也可以美成一道光

你相信了吗？美真的是种感受，是你跟世界相处的方式。当你全然地接纳自己，肢体会更柔韧，面容会更舒展，内在的光芒能更好地投射出来。

有一次聚餐时，栗子很正式地对我们表示感谢，我们告诉她："你要谢的是自己，你愿意去徒步，愿意与我们联结，这些都缘于你在内心从未放弃自己。支持你走到现在，没放弃，熬过所有，站在这里的，是你自己！"

栗子现在是我们团队重要的伙伴、教导主任、"路人甲"天团的二姐、"自发光"小剧场的影后，也收获了幸福的婚姻。

不漂亮女孩儿的美，能散发出更强的力量，其关键在于，你不会看到她对自己容貌产生的自卑，你会感受到她的勇气、自信，从此，你也想要好好地对待自己。

你呈现出来的美，背后折射出的是你对自己满满的爱与接纳，你认真生活的每一天，你为了变得更美好日复一日做的那些努力，你内心对世间万物的尊重与善意，这种美才是最有华彩、最掷地有声的，是在岁月的长河里经久不衰的。

希望你能多多去理解和鼓励身边像你一样爱美的姑娘，用发现美的眼睛去看她们，毫不吝啬地赞美她们，你的一个微笑、一句赞美可能就会成为点亮她的光。

Chapter 4

体验宝贵的情感之美

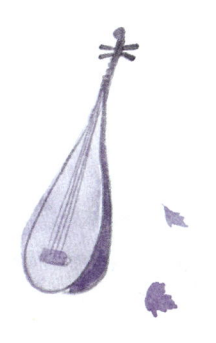

Chapter 4

善意，
天然带着最强烈的美感

做女性形象教育多年，我收到过很多类似的留言：

我长得真的很丑，个子矮、下颌发育不好、腿短腰粗、皮肤黑，感觉自己真的很丑，觉得自己没有存在的意义，怎么办？

颜值低确实会让人沮丧，在生活中遇到的阻碍也确实会多。

怎么办呢？接纳自己不能改变的，努力去改变那些能改变的东西。

把"相"和"貌"拆开看

我们称人的外貌为相貌：

"貌"是我们本身的硬件条件；
"相"却是跟随我们的阅历流动的，它可以反塑"貌"。

一个"貌"恒定的人，可以有很多的"相"，因为"相由心生"，而"心"是一种流动的状态。

比如演员的演技，讲究的是能否进入人物的内心，再表现出来。我们经常听说，演员演完一个角色后，可能很长时间都走不出来扮演的状态，有的甚至被困扰一生，就是因为他们很投入地拥有了角色的内心。

回忆一下童年阴影"容嬷嬷"，那恶狠狠的模样令人心悸，但你看扮演者的日常照片，会发现她其实是个热心的老阿婆。所以，人最终表现出来的相貌，更多的是内心的表达。

内心有温和力量的人，就是我们看到的令人如沐春风

Chapter 4

的人；

内心有坚韧力量的人，就是我们看到的目光炯炯有神的人；

内心有洒脱力量的人，就是我们看到的活力满满的人；

……

我经常告诉学员们，美是有"马太效应"的。"貌"好看的人受到更多的关注和认可，就会更自信，心性更豁达，"相"也会越来越好看；"貌"不好看的人，会自卑，产生畏缩感，连生命本身的活力也会被剥夺。

甚至很多人因为"貌"不佳，产生了对世界的诅咒，反而带来了更"恶"或"怂"的"相"，让他们更不好看。

修炼心性不是"鸡汤"，相由心生是很多人都接受的道理。

善才是最美的"相"

心性里最具美感的，就是善。有了善，"相"就一定是好的。善，也是我们最容易感知的情感之美。

人类学家玛格丽特被学生问道："人类什么时候开启了文明，是新石器时代还是旧石器时代？"

我们总认为文明是由我们的脑力、我们对工具的使用开启的，但是玛格丽特回答说："当我们发现一个人的大腿骨骨折过，后来自然愈合了，人类的文明就正式开启了。"

一根愈合的大腿骨，证明了什么呢？在远古时期的动物界，受伤就意味着死亡。动物界有一种生物层面的协作，就是大家一起活下去，保证这个群族的基因传下去。受伤的动物，一定是族群中落后的、被捕食的对象。人类进化成智人之前，虽然也具备了初步的社会协作能力，但是一旦某位成员受伤了，也会成为族群里落后的、被遗弃的那一个，结局大概就是被吃掉或孤独地死去。

当人类开始展现出更高层次的社会协作和同情心时，情况发生了变化。一根愈合的大腿骨表明，受伤的成员得到了其他人的照顾和帮助，而不是被遗弃。这就说明他们产生了善和爱，原始人类在那一刻就拥有了文明。

可以说，真正的文明，永远是从爱和善开始的。

人类的文明，发展到现在这个阶段，它的基础就是善

Chapter 4

和爱。当你把内心的善和爱扩大到最大，就能拥有高能量场，就可以拥有自己的气场扭曲力，就能成为别人眼里很美很美的人。

行善不是说要做慈善家去捐款，去大山里支教，或者将自己的利益全部让渡给别人，也不是要你原谅伤害你的人，以德报怨，不关心自己的感受。

善是你自己的体验，你选择为自己营造一个好气场，用以修心，你在其中感受也一定是美好的。

我鼓励一个女孩儿，看到她眼睛里渐渐有了光，我的感受是非常好的；我下车时跟司机师傅说声"谢谢"，他马上说"您慢走"，这种感受也是非常好的。

善其实就是一件件小事，是一个明媚的笑容、一句鼓励的话、一份对恶言的克制。

善,就从"不作恶"开始吧

善,从不作恶开始。

怎么定义不作恶呢?简单地说就是不做坏事,比如不偷、不抢、不打人就是不作恶。

但不易察觉的恶是,我们的不当言行会对别人产生坏影响。比如,说话爱给人泼冷水、以毒舌为幽默,别人可能会因为你的一句话,一整天的好心情都没有了,因为你的一个评价,很长一段时间都困扰其中。

还有产生十分强烈的惩罚欲望,诅咒别人,让恶意不加克制地冒出来。比如,影视剧里一个矫情、讨人厌的小女孩儿,掉下楼摔死了,评论区都是"活该""该死"之类的评论;看到一个人一边过马路一边看手机,就诅咒他被车撞;等等。总是想给他人"过分的惩罚",就是恶意的溢出。

不易察觉的恶还包括网络暴力,咒骂、恶评别人。"网暴"他人的人在生活里,往往觉得自己是个充满正义感的善良之人。所以如果只是把不偷不抢、遵纪守法看作善,其实门槛有点儿低。

我的一个亲戚，嘴巴非常毒，骂人很厉害，对自己的孩子也口不择言，各种侮辱之词层出不穷，还因此导致她家孩子有过一次自杀的经历。但亲戚们都认为她其实是个好人，刀子嘴豆腐心，她也认为自己是个好人。

但在我看来，她就是做了很多恶。善和恶不是互相排斥的关系，没有百分百的善人，也没有百分百的恶人。我们本能里有很多恶，只不过没有把"恶意"变成"恶行"。

如果恶意没有被看到，就有可能被轻易地否定——只要没做坏事就可以了。如此一来，我们就会主动减少约束恶的意识，最终会导致无意识地作恶。

无意识作恶，都有什么表现呢？

看到一个肢体有残缺的人，会忍不住地上下打量；看到一个笨拙的职场新人，会忍不住说出"你真笨"；看到一个经济条件不好的姑娘使用廉价的化妆品，会忍不住说出"这也能用吗"……

有一次，我妹妹所在的一个群里，有个大学生问，姐姐们有没有性价比高的护肤品推荐，我妹妹推荐了一个单瓶两千元的产品。我问她："你是真心给别人推荐好用的产品呢，还是克制不住你想在别人身上获得优越感的欲望？"

再讲一个我的例子，我有个朋友陷入了恋爱的纠缠。我嫌弃她不够果断、不够自爱，说："你就不能彻底离开他吗，这很难办到吗？"

我在感情里一直很果断，离开对我来说很容易，但对她来说却真的很难，她真实的痛苦被我鄙夷，而我的某些言辞让她产生了强烈的自责感——"我真的好差""我不够自爱"，等等。这就是我做的"恶"。

我在日常生活中经常提醒自己，那些我轻而易举拥有的、轻而易举能做到的，会不会让我产生一种傲慢？觉得别人做不到都是蠢笨的、不努力的、不够格的。

尤其作为公众人物，我更是经常反思，我会不会站在精英女性的视角，对那些真实处境艰难的、选择权很少的女性失去了同理心，轻易地告诉她们：你离婚啊！你可以一个人过得很好啊！独立养个孩子有什么难做到的呢？这些话听起来是为她好，但其实只是一种精英主义的傲慢，让一个能力水平不足的女孩儿，产生了深深的自责。

鉴于这种情况，我给自己的要求是：收起恶言，收起傲慢，收起优越感。

以上这些是不是日常生活中难以察觉的善与恶呢？希

Chapter 4

望我们都能朝细微处看一看,做心里拥有善意的人。

做一个温暖的陌生人

你向外散发的善意,会成为别人的光,形成积极的循环。

比如,我们"自发光"的成长社群里,很多人表达自己的变化,是因为感受到了其他姐妹的善意和接纳,从而慢慢打开自己,然后自己也想用这样的善意去对待别人。

想起我们创业之初遇到的一件事,我们的客服小七深夜收到一条用户的留言,是一封告别信,大意是说她从小遭受了很多霸凌,成长的路上也从未被真正关心过,周围的人也经常向她投来恶意。只有在小七这个陌生人这里,她获得了真正的关注和善意,所以想在离开这个世界时,做一次告别。

当时小七和我们都急坏了,不停地给她发信息,发视频,还报了警。两个小时以后,女孩儿发来一条信息:我相信这个世界上有很多如你们一样的人,我也可以遇见她们,人间还是有值得停留的地方。

后来这个女孩儿在我们公司成立三周年时,来到我们公司,并送给我们一个她亲手做的带有女骑士图案的蛋糕,表达她的感谢。她是一名医生,她说现在每天善待自己的患者,感受他们善意的回馈,内心真的增添了很多力量。

自此,我们更加坚定要做个温暖的陌生人,你不知道自己哪句话会帮助别人从逆境中走出,当然你也不知道哪句话会把别人推下深渊。

愿我们一起,在这充满黑暗也充满阳光,充满恶意也充满善意的世界里,选择看到积极的一面,选择成为善良的人,去感受"善出者善返"的力量。

Chapter 4

父母子女之爱，恰当才美

人类最常歌颂的美好感情，就是父母对子女的爱：母爱如歌，细腻曼妙；父爱如山，深沉厚重。而孩子对父母的爱，是无条件的信任和依恋。

但是近些年，我们开始经常看到"原生家庭"之伤。那些童年时期未被善待的孩子，长大后可能陷入生活的重重阻碍，我们越来越意识到，父母子女之爱，也未必都是美好的，但我们依然深信它是美好的，这种割裂与拧巴，在父母与子女的关系里随处可见。

我的姑姑和她的大女儿，就是"相爱相杀"的一对母女。姑姑曾坦诚地说："我真的是打心里厌恶她，无论她说什么做什么我都反感。"姑姑的大女儿也说："总觉得妈妈不爱我，但是又相信她所做的一切都是为我好。"

听起来就很窒息吧!讨厌自己孩子的感受一定不好;感受不到父母的爱,更是一种深刻的孤独。

很多情感我们都可以忍痛割舍,但是父母子女的情感,却是一生的羁绊。

所以我们必须了解这种情感,它到底是怎样的,看见它的"美"与"丑"才知道如何去"变美"。

基因本能:"生物角度"的爱

什么是生物角度的爱?让自己的基因延续下去,是生物的使命。这就是为什么很多父母不在意孩子婚姻是否幸福,强势地催婚、催生,要看见自己的基因延续到孙辈。这种爱不需要学习,天然就有,就像鸟妈妈给幼鸟叼虫子吃那样简单。哺乳动物为了抚育后代,形成了更复杂的社群分工,它们甚至在发生危险时选择牺牲自己,很多对动物"母爱"的歌颂,也是源于这种牺牲。

在人类社群里,抚育后代更复杂,成本也更高,不仅要使其吃饱穿暖,还关心孩子健康等。我们对父母依恋、顺

从，也是因为在生物层面我们需要父母的抚育。

当然我们也听过一些极端的例子，比如父母虐待孩子，连基本的生物之爱都没有，这在动物界都是很少见的，但这正是人类社群复杂的地方。在前文中讲过精神审美能优化内容审美，同样也可以反过来，当精神世界出现了问题，连本能的爱都会被扭曲。

生物之爱的"美"，是父母关爱子女，子女依恋父母；生物之爱的"丑"，是父母将孩子资产化，当成自己的物品一样随意剥夺权利——你吃我的喝我的，还不听我的？

子女对父母之爱的"丑"呢？是把他们当成"提款机"——别人的父母都能给孩子买房子，你们怎么那么没本事？还有的是过度盘剥父母的养老金，用来支付自己的生活花销。

审视一下你和父母、子女的关系，想一想你在生物之爱上，是如何投入的。

存在感："存在角度"的爱

"生物角度"的爱是父母子女都容易感受到的，也是生物界普遍存在的，接下来我们说说人类独有的"存在角度"的爱。

我们每个人在社会的"存在感"，是需要父母、子女去扩张的。什么意思呢？比如，我是一个作家，妈妈买了50本我的书，送给她的亲朋好友，说这是我女儿写的。她很骄傲、很自豪，因为我扩张了她在社会里的存在感。而那些喊着"我是××的孩子"的人，也是在扩张自己的存在感。

我们自己可能是渺小的、存在感弱的，但是如果父母、孩子很厉害，我们就会和他们绑定在一起，把存在感变强。

你就理解了父母为什么希望你考第一，希望你成才，因为他们的名声和你绑在一起。还有很多父母辛苦工作赚钱，把子女送到教育条件更好的学校读书，或省吃俭用给孩子在大城市买房，让他留在发展更好的环境中，也都是因为孩子与他们绑在一起。

一些父母有没有完成的梦想，比如当演员、当科学家、从政，就有意识地培养孩子走这条路，来完成他们存在感的延续，这就像一种"代偿"。

存在之爱的"美"在于：父母、子女尊重各自的选择，你在哪里发展、拓展，都可以，你是相对自由的，我们是彼此支持的。

存在之爱的"丑"在于：父母强迫子女——你必须按照我想延续的存在感去发展，要走上我最期待的那条路，哪怕你是班级里打球最好的，也对我毫无价值，我只希望你是学习最好的。子女对父母呢——你是我的父母，关爱我是应该的，你应该有名有钱，让我生活在更好的环境里。

这种存在角度的爱，其实就是终其一生，都在完成别人的期待。

我是我，你是你："独立角度"的爱

"独立角度"的爱，是最难得的，也是父母子女情感里，美感最深的。从关系里真的看见了彼此，我们都是完整的个体，不需要背负任何"我"的期待。

我非常感恩地说，我很幸运地得到了妈妈给我的"独立之爱"，她关爱我的生活，尊重我的意愿，在我没有独立意识的时候，她对我进行恰当的管教、约束，为我安排一些增强社会竞争力的培训，如形成好的学习习惯、人际关系。当我有了独立意识后，我可以自己做很多选择，考什么大学，选什么专业，去哪个城市，做什么工作，选择怎样的爱人，她从来不会干涉。她默认从此我们就是独立个体，都将为了各自的生活去努力。

她给我的生物之爱，是她关心我的健康；她给我的存在之爱，是她为我骄傲，她也尽量做一个很开明的母亲。她做这些，其实都是因为"独立之爱"，她看见了我作为人的独立资格，而让彼此关系变得恰当，让彼此感觉舒适。所以，我常常跟妈妈说，下辈子我还要你做我的妈妈。

孩子也要学着看见父母，看见他们给你的生物之爱，看见他们需要你拓展存在感，也看见他们的成长与笨拙，因为他们一直在学习如何做父母。看见了这些，就给了他们充分的包容和耐心，去表达你从他们那里获得了哪些品质、哪些好的习惯，让他们感觉到，你以一个独立的个体，看见了完整的他们。

怎样培养这种"独立之爱"？首先要明白父母与子女都是独立的，两者之间的关系是需要经营的，也需要表达感谢、表达认可、表达鼓励。

孩子让父母很温暖，感觉到被爱时，就要告诉孩子；孩子感受到父母对自己的付出时，也要告诉父母。

总之，要表达爱、感谢与歉意。

你能否接纳你的孩子不结婚，延续不了你的基因？你能否接受你的孩子平庸，扩展不了你的任何存在感？你能否看见那个独立的人，已经拼尽了全力在生活，也只能过成那个样子？如果他在焦虑、沮丧，你会不会告诉他"我对你的期待，就是你活出自己就好了"？

在你无论怎么和父母沟通，他们都看不见独立的你，放不开对你的控制，加深对你的期待，并把这一切都当成深沉的爱时，你是否能做到不内疚，完不成这些期待，也不抱怨他们？

不妨勇敢果断地卸下这些，去成为你自己！

朋友间的友谊，
陪伴互助之美

父母对我的人际关系教育，说的最多的话是"只有自己家人是为你好"。

我们这代人，独生子女比较多，我父母就很在意培养我们堂、表兄弟姐妹之间的情感，说以后就靠大家互相帮助了。

长大以后，我和父母产生了一个矛盾：我有什么好事、好东西都会先想到我的朋友，但父母要求我先想到表弟表妹。比如，有漂亮衣服，我妈认为我要优先给亲戚；有赚钱的机会，要先想到家里人。

我早年离家求学，后来在社会中摸爬滚打，一路走来全靠朋友们彼此陪伴与支持，而亲戚给我的并不多，所以我是认"交情"不认"血缘"的人。我父母那一代人兄弟姐妹

Chapter 4

很多,而我家就是跟着我三姨开始做生意,才慢慢改善了生活,真的是得到了亲缘的恩惠。

到了我们这一代,经济转型,社会协作模式产生了变化,主要人际关系也从亲缘转变成了朋友,朋友成为我们现代关系里非常重要的组成部分。

另外,从本能上讲,我们也是群居动物,需要同类的陪伴,很多人说自己不爱交朋友,只想一个人宅着等,其主要原因是没有找到安全、舒适的朋友关系,或者早期的不良体验造成了一些恐惧。

小时候我有过一个好朋友,只要我有好吃的都会跟她分享,她却在背后说我坏话。在那之后的很长一段时间里,因为这个经历,我拒绝与女孩儿交朋友,对女性的友谊也产生了偏见。后来,我真的遇到了很多真诚的人,才慢慢地转变了。

回想一下你早期的交友体验,在朋友关系里,你感受到的更多的是陪伴、互助的美好,还是压力、怨气、沮丧与失落呢?

回答这个问题之前。我们先来了解一下朋友关系,它有两个类型。

合作型朋友关系

其实绝大多数朋友都是合作关系。我们最早接触的这种类型的友谊是"邻里关系",它在亲缘上做了拓展。"远亲不如近邻",邻居能够互相帮忙照看家里,处理应急事务,形成好的合作关系,产生友谊。

合作型关系有一定的利益交换。比如同事、同学之间,经常需要彼此帮助,他帮你做表格,你帮他打印文件;你帮他辅导作业,他帮你打饭。用时间交换,用技能交换,用资源交换,都属于利益交换。

朋友之间的交换包括但不限于资源、技能、时间,这些交换形成了我们的合作价值。

现代社会不必一谈"利益"就觉得不纯粹,不是真友谊。其实真友谊就是在这样不断地交换中沉淀下来、筛选出来的。没有人愿意结交总找你帮忙,但是不给你提供任何价值的朋友。

合作型朋友关系能变成深厚友谊的必要条件:双方都有主动贡献的意识,来维持友谊的利益平衡。

如果有一方总是明显地只想受益,不想付出,或者只

Chapter 4

想多受益，少付出，也就是永远都想占便宜，那么这样的朋友就不能称为"真朋友"。真朋友不会将你的付出默认为理所当然的，你在这里支持了他，他一定会在别处支持你。朋友之情的基本美感，就是"感恩"与"回报"。

当然，我们也听过"大恩即大仇"，即朋友给了很大的帮助，有人觉得无法回报，就慢慢回避。我之前借钱给朋友，不要利息，她觉得无法回报，却又不想待在低姿态关系里，于是渐行渐远了，就这样失去一个真正的朋友。

其实回报，不一定是同等的，她帮了你大忙，你不一定也能帮她一个大忙。如果你不敢"欠"这个人情，不敢在很长的时间周期里去回报这个人情，就证明你没有视她为你的朋友，你们只是"合作"。可以这么说，欠了你人情马上要还你的人，是没做好和你深度交友准备的，也可能是不擅长交友的人。

我和我的朋友真的互相帮助很多，也欠了很多"人情"，但是我们都知道，有一辈子的时间可以还：会对你好，会给你分享好吃的，在你遇到各种困难时帮助你，也对你的孩子好。我们彼此相信，对方不会在我的生命里消失。

依赖型朋友关系

这个关系就是我们常说的纯粹的友谊,是出于情感陪伴的需求形成的友谊,典型的代表就是发小、同学,从有陪伴需求开始时,我们就选择了他们。这个关系提供了所谓的情绪价值,我们可以互相讨论问题和倾诉烦恼等。比如,有些话不方便跟父母和伴侣说,但是可以和他们说,像我们常说的闺蜜,大概就是这个关系。

依赖型关系能持久地坚持下去的核心是,平等且具有情感共识。

平等: 如果一方不平等地看待另一方,或者总是无法与对方感同身受,就会渐行渐远。比如,你在朋友眼里一无是处、又蠢又笨,什么都得她操心,一直都是她在保护你、"罩"着你,看起来她是很仗义的朋友,但事实是,她在关系里获得了过多的优越感,你的感受是不好的,再遇到一个更平等的朋友时,你们可能就渐行渐远了。

我的一个发小就是这样的,她找我聊的大多是关于情感、婚姻的话题,我就在想,你每天把精力都放在这上面,还能不能干点儿别的?我对她有优越感,无法以同理心看待她的处境，慢慢地，我们就渐行渐远了。

具有情感共识：这需要你们对情感的处理方式有共识。比如闺蜜跟我说，老板多苛刻，同事都是蠢货的时候，如果她认为应该冷静、理性地处理问题，我们就有"共识"；如果她觉得发泄情绪很重要，希望我和她一起骂，我们就没有"共识"。如此一来，我们就无法给彼此提供情绪价值，最终也会渐行渐远。

在我们成长的过程中，如果早期的依赖型朋友，在之后无法具备"合作型"朋友价值，不能在资源、技能、经验等方面支持彼此，很可能也会渐行渐远。

我们必须承认和接纳的是，在人生的不同阶段我们会结交不同的朋友。失去朋友，更新朋友圈，是人生中非常平常的事情，换城市、换工作、结婚生子，都会导致朋友圈的更迭，无论什么时候，真诚待人总是没错的。

很深厚的朋友关系，是需要融合合作与依赖的。既有明确的利益交换，也有情绪价值的支持，才能走得更远，共同面对生活的诸多挑战。

友谊也需要"审美力"

了解了朋友的类型,我们在交友时,还要提升对友谊的"审美力"。

朋友在质,不在量

很多人追求朋友的数量,希望自己无论在哪里都有朋友,但是如果不能深度地经营朋友关系,就难以体验到朋友带来的真切感动。所以,还要注意和朋友们的联结深度,拿有限的精力来经营高质量的友谊。

朋友不要硬去"高攀"

很多人有明确的交友目标——想交"厉害的人"。但如果你们之间没有利益交换,也没有情绪价值的支持,只因为对方"厉害",就硬去讨好,只会浪费精力。就像有的学员问我:"'小白'怎么在互联网上联结'大咖'?"我回答说:"成为他的大客户,或者你在他需要的方面是个'大咖'。"

朋友都是因事而交

很多人因为朋友少,就去主动交友。其实大多朋友都不是主动找来的,而是因为某些事凑到了一起,如读书、工作、兴趣爱好、共同参加一个朋友的喜事,等等。最好的拓展朋友圈的渠道,就是多做点儿事,多爱点儿人。

朋友不是你的伴侣

很多人对朋友有过高的依赖,总希望对方能随叫随到,宠着你、陪着你……拿对伴侣的标准来要求朋友,会因为失望而不高兴,闹小矛盾,这也会给友谊施加过高的压力,让人退却,朋友也要有恰当的心理边界。

没有面面俱到的朋友

不能要求朋友面面俱到,什么都能帮助你,所以朋友有些忙你帮不上也不用愧疚。我的朋友都知道,找我帮忙做一些"费时间"的事时,肯定会被拒绝,如帮忙去喂猫等,但是借钱、找人脉等,是很容易得到我的支持的。别严苛要求朋友,也别严苛要求自己。

希望我们都能感受到友谊的美好,让我们在这个世界闯荡时,绝不孤独、绝不无助。

Chapter 4

独处、自处，
内心的沉淀之美

作家周国平说过："人们往往把交往看作一种能力，却忽略了独处也是一种能力，并且在一定意义上是比交往更重要的一种能力。"确实，我们在日常生活中花大量时间学习如何与他人相处，却很少花时间与自己相处。

可能很多人觉得自己的独处能力很强，经常一个人待着，不爱出门，不爱社交。其实，这并不代表有独处能力。如果你一个人待着的时候，总想把自己的时间填满，于是不停地打游戏、看剧、网聊等，一停下来，空虚感、孤独感就油然而生，这也是没有独处能力的表现。

做自己的超级好朋友

独处也可以称为"自处",就是你和自己相处。你和自己的关系是怎样的?你是敢于直面自己,还是一直逃避与自己相处呢?心理学大师温尼科特说过:"拥有独处能力,是一个人成熟的显著标志。"

小A是位事业有成的女士,不到30岁就靠自己的努力在大城市买了房。但是小A时常觉得自己"无家可归",每次回到家心里都空落落的,一种孤独感涌上心头。所以每天她都在拼命地工作,把时间填满,每次累到回家倒头就睡,不给自己留一丝空闲时间。

这就是无法与自己相处,不肯面对自己,和自己的关系比较糟糕。

在我们的训练营中有个练习,叫作"做自己的超级好朋友",永远想办法陪伴自己、支持自己。

成为自己的超级好朋友,就要敢于认识和接纳自己,就像我们的每一位朋友,都不是完美的,你也接纳了他们。如果对自己非常苛刻,总觉得这不好那不好,对自己很挑剔,不肯接纳自己,甚至经常性地自黑、自毁,是无法独处的。

Chapter 4

你可能觉得，自己成长的美好来自外部的获得，如升职加薪等。其实，成长里最美好、最具备精神美感的内容是，你内在的自我越来越稳定，你和自己的关系越来越好，你不再轻易地自责、自卑，你接纳自己、包容自己，让自己朝着更积极、阳光的方向走去。

我建议不会独处的你读一些心理学读物，学着看见自己、接纳自己，感受个人内心成长的美好。

我不是心理老师，太专业的内容无法深谈，但我可以和你分享我是如何独处，如何让自己一点点沉淀下来的。

察觉孤独，倾听内在的声音

如果背上行囊离开家乡在外打拼的你，像前文中的小A一样，总有一种"城市之大，何以为家"的感觉。每当夜深人静时，涌上心头的一种莫名的孤独与不安。为了逃避孤独和不安，你常常沉迷于繁忙的工作，不给自己留一丝空闲时间，或者不停地刷手机、找人聊天，用各种方式逃避独处。那么你要学会自我审视。

你明明有很多朋友，甚至有属于自己的房子，在生活的城市里站稳了脚，但为什么与自己相处时还会感觉孤独和不安？

是不是童年时期父母经常不在家，你对独处有很深的恐惧？是不是小时候父母总吵架，你习惯了出去玩、做各种事来逃避面对那些不安？是不是你太习惯压制自己的感受，一个人的时候，这种感受就不自觉地冒出来……

我通过自我审视发现，我独处时的空虚、孤独，来自自我的不坦诚，自己被世俗欲望折磨，想有钱、有名，但很明显追求不到，却不想承认自己无能，想要保护自恋，就衍生出一系列谎言：我本来就不想要，我其实欲望很低，那些追名逐利的有什么可图呢……这种内在的拧巴，在独处时会冒出来，让我很难受，我不想面对这种情绪，就一直想干点儿什么事去填补空虚。

后来，我慢慢地接纳自己的欲望、无能，内心的因果变得清晰，这种感受真的好了很多。如果你无法像我这样进行自我审视，我建议你去找专业咨询师。

Chapter 4

和自己相处，也要有"规则"

建立自我关系的规则，与建立人际规则一样重要。你要是人际规则不清晰，不懂拒绝，做老好人，就会被人不停地侵犯边界，丧失自己的利益；如果你的自我关系规则也不清晰，就会不停地攻击自己、打压自己。

下面是我给自己定的七条自我相处规则，提供给大家参考。

1. 你的身段是你终生的伙伴，即使有各种不满，也只有它陪你体验人生，要好好呵护它，让它能变多好就变多好，变不了的，就放在那里，别抱怨。

2. 遇见比你闪耀一百倍的人时，允许自己小小地自卑，但这个念头只能一闪而过，然后就要赶紧回到自己的人生里来，关注那些你要做的，真正属于你自己的事。

3. 你就是一个凡人，你可以自卑、嫉妒、虚荣，你要允许它们存在，只要没有变成恶行，你就是一个好人，不要总拿完美来要求自己。

4. 你就是一个普通人，有太多你做不好、做不到的事情，努力试试，不行就放弃，但放弃要彻底，别来回纠

结，赶紧去干别的。

5.低落沮丧没有力量的时候，随心所欲地干点儿事，躺着、宅着、吃吃喝喝都可以，但时间不能超过一星期。

6.你觉得别人比你厉害，那只是某方面比你厉害；你觉得你比别人厉害，也只是某方面的。不要轻易自卑或轻易傲慢，客观地看待自己擅长的和他人擅长的。

7.不责怪过去的自己，接纳那时候没有能力的、愚蠢的、傲慢的自己，永远往前走；不要与跟你认知差别特别大的人争论，克服想要赢得辩论的欲望。

Chapter 4

比所有人都更关心自己

尽管我们拥有深爱彼此的家人，拥有很多的老朋友、新朋友，拥有亲密的恋人，但我们终其一生无论高兴、悲伤，只有自己时时刻刻陪伴着自己，从不抱怨，无限包容。你必须和自己成为最好的朋友，最关心自己，所以，要像对待最好的朋友、最想关心的人一样对待自己。

身体不舒服，不要硬扛。这副肉身陪你体验世间的一切，要照顾它，关怀它，关心它的感受，倾听它的声音。不要明明胃很难受了还继续吃，明明脊柱很痛还坐在那里，为了美让它遭受寒冷，为了瘦让它营养不良，等等。

心里不舒服，不要压制。无论你多么多疑、敏感，个性多不好，你的不舒服都是真实的，不要听到一句让你不舒服的话，就马上就压制自己，甚至自责："我这么敏感，谁愿意和我这样的人交朋友啊。"你要接纳这种不舒服，找到原因，看它激活了自己敏感的哪个部分，然后努力克服它，让自己慢慢变强。

远离一直让你不舒服的人和事。这无关你是什么样的人，他是什么样的人，如果一直不舒服，就要自我保护，保持距离，先把自己的能量保护起来，不把自己耗干，才是最紧要的。不要对自己使用任何侮辱性词汇、贬低的语言，正如你不会对别人这么做一样，要使用鼓励或者客观的语言。

比如，"我长得好胖啊，好蠢啊，看起来就像一头猪""我长得真是土掉渣了"，这些话坚决不可以对自己说，这也是我们训练营的铁律，如果你总是侮辱、贬低自己，你就永远不会拥有自信。

即便做不到鼓励，也可以客观地说："我身材肥胖，我长相不够精致。"接纳自己真实的样子，不带任何情绪，你才能给自己想到办法，找到出路。

不要轻易自责，戒掉自我攻击，要常常给自己加油打气。请记住，你永远是自己最好的朋友。

享受独处，拥有自我的成长空间

"生命里第一个爱恋的对象应该是自己，写诗给自己，与自己对话，在一个空间里安静下来，聆听自己的心跳与呼吸。"我被这句话深深地感动了。

Chapter 4

　　这个"空间"也许是物理上的某个房间、地点,也许是内心深处的某个安静角落,在这个"空间"里,你感受到安全、温暖和自在,它可以安放你所有的不安和孤独。

　　试着去寻找这个空间,它可能是一家充满家乡味道的面馆,每次来吃面都像回家一样亲切和温暖,它能驱逐你的孤独感并且让身心得到滋养;也可能是周末的下午一个人在房间里发呆,放着自己喜欢的音乐,静静地看窗外的世界。

　　我们要知道的是,一切寻找的目的最后都回归于"向内寻找",当你在内心给自己一个独立又安全的"空间",给自己一个最坚不可摧的"家",允许自己"失败",接纳脆弱的自己,放过普通的自己,试着和自己所有的情绪、想法、感受和平共处时,你会慢慢享受和自己待在一起。

　　我们总是试图耐心倾听外界的声音,却很少静下心来聆听自己内在的声音;我们努力结交新朋友,却常常忽视自己这个老朋友。你要知道,这个世界上唯一全心全意爱你,无条件支持你,形影不离陪伴你的人,是你自己。你的一呼一吸,背后都是这副身体在默默协作。

　　多花点儿时间和自己相处,去拥抱它,去聆听它,去陪伴她,感受自我越来越坚韧,享受笃定的沉淀之美。

好的爱情，
让你有深深的存在感

关于爱情，每个人的看法和追求都不同。有的人追求短暂爱情里的新鲜、刺激感；有的人怀着"愿得一心人，白首不相离"的美好希冀；有的人觉得爱情是谎言，只是建立婚姻协作的幌子而已。

不论你怎么定义爱情，不可否认的是，爱情可以让我们拥有人与人之间最近的和深深的存在感。我们渴望和一个人建立无限的亲近的关系，获得无限扩张的存在感。

但是，因为爱情总是伴随着期待和落空，产生失望或逃避，遇人不淑、遭受伤害等，让我们也学会了压制爱情的欲望，说服自己不需要爱情。

我曾经说过，无论我拥有多少名望、金钱、朋友，我还是渴望爱情，需要爱情，结果被无数人痛骂是在"教唆女性恋爱脑"。

其实逃避情感的本能需求,会产生内在的谎言,这才是对我们伤害最大的。你真的不需要爱情,就不去追求;你需要爱情,也不用隐藏、假装,大胆去爱就好,在公序良俗之上,爱那个想爱的人。

接下来,分享我的爱情观,供大家参考,希望你能体验到好的爱情带来的情感之美。

我谈过很多次恋爱,却一直没有步入婚姻的殿堂,很多朋友说我情路坎坷。我确实遭受过很多挫败、伤害,还有自我怀疑,但是它也给我带来了极大的好处。通过这几段爱情,我对自己更加了解了,知道自己内心的缺口是什么,于是认真地一点点修补自己;我也能在伴侣身上拓展人格,让自己的个性越来越多样,比如我曾经特别不爱旅行,觉得旅行是件很累的事,后来却在一任男朋友身上感受到了旅行的意义。

我通过一段段爱情,让自己内在的小孩长大,逐渐修正不正确关系的相处模式,也更加懂得,如何给自己安全感,如何坦诚地爱别人。

在我的经验里,我认为好的爱情,需要持续地关注存在感和成长。

给予存在感是爱情的基础

人是有求存的本能的,我们一生都渴望被看见。爱情就能让我们有明显存在感。

比如,你在工作中人微言轻、你在朋友圈是个小透明,你被喊错名字、不起眼、存在感很低。

但是在爱情里,你是被看见的。你吃得多不多,睡得好不好,拥抱、亲吻、忐忑的小心思,都让自己觉得,自己是真实存在的。

有很多人说,自己和伴侣的关系不像谈恋爱:彼此很少发信息,见面了也是各玩各的手机,谁也不管谁的事……其实这就是在爱情里没有存在感。

健康的恋爱,能延续的恋爱,一定是能给对方满满的存在感的,看见对方的需求、情绪,给他安慰、拥抱、陪伴,而不是一味地索取对方的关注,你却不肯付出。

我曾经相信,跟男生谈恋爱,得高冷一点儿,越有距离感他越爱你之类的言论。其实这是自私,只在意自己的感受。后来男朋友说,我感受不到你的爱,我觉得你只是需要一个人对你好。

Chapter 4

所以,爱情是不需要博弈的,不要太在意谁付出多一点儿谁付出少一点儿,给对方足够的存在感,让他知道他在你的世界里很重要。如果对方没有给予你相应的存在感,可以直接沟通,告诉对方你需要什么。一个总是被忽视、一直得不到平衡、没有存在感的人,是一定会离开的。

好的爱情,是令人成长的

我和前任在一起三年,很和平地分开了,也很感谢彼此在各自生命里的出现。因为在一起,我们都变成更好的自己了。我是急性格、控制欲强,对不按预期发生的事反应很激烈的人,而他正好相反,很平和、很淡定,总是告诉我,不要急,接受不确定性,慢慢地我真的就心平气和起来。他关注很多稀奇古怪的事,也帮我拓展了认知;他也因为我,从对事事追求完美,变得轻松有弹性了。我们都更明白了自己,拓展了自己,我们都在成长。

所以哪怕分开了,我也不会用"失败"来形容这段感情。我认为不是有结果才叫成功,如果你在这段关系里获得了滋养、有被真心地对待过,你成了更被自己接纳、喜欢的样子,那么你在这段感情里就是有收获的。在我眼里,失败的爱情只有一种,即在这段关系里你变得更差了,失去了很多,变得不自信、低自尊,正能量越来越少,但是又不甘心,想赢、想斗下去、想把失去的拿回来,不知道止损。

爱情带来的成长,有些是在无形中被对方影响的;有些是经过不断地磨合,看到了自己的缺口;有些是发现自己讨厌的某一面,却被对方接纳了。你会慢慢对自己更有耐心,对与伴侣的关系更有耐心,会看到"我们"而不是"我和你"。不再以自我为中心,要求别人为你改变,按照自己理想的样子塑造对方,把自己强化成一个"控制狂"。

从这个角度来说,我们在找寻伴侣的时候,一定要去看那个具体的人、真实的人,他身上有哪些闪光点,他真实的品质。而不是按照文学、影视剧去想象,把自己以为的爱情,加到某个人身上。这样不仅容易看错人,也会在爱情里经受挫折。

Chapter 4

大胆抛掉"有毒"的爱情观

我经历过的爱情,不仅让我感受到了美好,也让我慢慢地纠正了一些观念。

不是只有灵魂伴侣

"灵魂伴侣"这个词听起来需要很高的契合度,于是很多人开始找寻灵魂伴侣,认为那个人和自己会天然地契合,即使你不说话对方也会知道你在想什么,总有一种心灵相犀的感觉。

在现实生活里,人和人哪有那么多天然的"默契",都是经过时间的打磨才慢慢增加了了解与感应。两个人只要在价值观和绝对的原则上是契合的,就可以成为伴侣,生活中有一些不契合是很正常的,不要看多了文学的描述,就觉得只有灵魂契合的才是爱情。接纳现实中的生活中的爱情,才会更容易获得幸福。

不要做"地摊文学受害者"

我早期的爱情观,用"地摊文学受害者"来形容非常恰当。看多了偶像剧、爱情小说，我认为爱情就是这样的：男朋友制造各种浪漫，我被无条件地宠爱，也充满了青春的疼痛。于是我对男朋友有各种要求，也很作，总想上演偶像剧情节，希望他冒着大雨去为我买想吃的小蛋糕，把我的每句话都记在心上，悄悄地给我惊喜，包括制造一些误会、伤痛等，总之，是非常地不切实际。

很羞愧地说，我的这种情结一直延续到30多岁，才被慢慢清理干净，接纳每个人都艰难地生活在这个世界上，在一起是需要彼此拥抱、关怀，做对方的避难所的。所有爱情的美好，都来自在情感里获得的安全、接纳、存在感，而不是压榨对方，总要求对方牺牲，为自己付出。

你和他的喜好都很重要

很多感人的爱情故事会这样描述：她喜欢吃辣，他不吃辣，但为了迁就她，他从来不说，偷偷地吃胃药；他喜欢南方，她喜欢北方，为了迁就他，她忍受着潮湿和折磨人的湿疹生活在南方……人们通过牺牲和奉献来歌颂爱情，于是当对方不肯为自己改变的时候，就觉得对方不爱自己。其实，每个人的喜好都很重要，在爱情中不可能一直以一个人

Chapter 4

的喜好为主，一定是今天吃顿辣，明天吃清淡一点儿，或者我迁就你去了北方，你迁就我换了工作，等等。总是让一方付出、让渡权利，情感中就会有很多不平等，这些不平等积累到一定程度后，就会变成攻击，暗暗地破坏感情。

对方不爱你，与你无关

很多人在爱情里的挫败是对方选择了别人，没有选择自己。比如，一个姐妹一直很纳闷儿，为什么她喜欢的男人不选择她，却选择一个离了婚还带娃的女人，她到底输在哪儿了？

很多人会把感情想成竞争关系，其实这真的与你无关，只是他们更合适而已，就像草莓那么好吃，也有人不喜欢。每个人都是多样的，成长的经历、现实的选择，让他就是跟她合适，跟你不合适。你不要觉得是自己不好，一定要找出哪里不如别人，是不如她优秀、不如她有钱，还是不如她貌美，这些你都不要想，你需要做的是接纳不合适，去找合适你的人。

女生不要以主动为耻

很多姑娘觉得，在男女关系中男性应该是主动者，如果先向男生示爱会显得自己不矜持。这种想法主要是受我国几千年来传统教育的影响。几千年来，女性一直被看作弱势的一方，一直处于被竞争、被选择的境地中。现代女性的处境完全不一样了，女生可以主动去选择自己想要的爱情，去追求自己喜欢的男生。如果总是被动等待，会失去很多机会。我曾经就很被动，只在追我的人里面选，后来改了策略，自己主动去选，伴侣的质量和理想程度真的好很多。

总之，我认为爱情是美好的，希望大家都能体验到，无论曾经经历如何，有哪些挫败，只要你想要，就勇敢一点儿，去爱吧。

Chapter 4

女孩儿，
尽情感受"情欲之美"

相信很多人都有这样的经历，和父母一起看电视，亲密的镜头出现时，父母会快速地换台。情欲一直是中国人很隐晦的话题，我们也在幼年时期，因为大人的行为和避讳，而用羞耻的眼光来看待。

尤其对女孩儿来说，性的启蒙往往是从第二性征发育开始的。乳房开始隆起的时候，我们不得不对它们加以约束，害怕在跑步蹦跳的时候，男同学们会投来嘲笑和轻佻的目光；月经初潮时，那未曾被感知的生殖系统带来的涌动、疼痛、身体局部的不舒适，以及一不小心弄脏裤子的尴尬等，都会让我们产生强烈的羞耻感，早早就对性产生了恐惧和避讳。

继续发育以后，学校里开始有了哪个女生跟男生谈恋爱的传闻，哪个女生就成为"不纯洁"的代表。再继续成长，我们渐渐发现很多对女性的侮辱都和性有关，"浪荡""水性杨花"，甚至更难听的词语，把性欲和人格联系在一起，似乎一旦女性产生了性欲，就等于人格低下。

再往后，到了成年、婚恋阶段，很多关于女性身体的讨论，包括胸部、腰部，以及私处等，哪类女生有吸引力，哪些没有吸引力等，又加重了女性对自己身体魅力值的焦虑。尤其在生育以后、中年以后，如果身材发生了较大的变化，女性就会开始产生强烈的不自信，最终导致对性产生强烈的回避。

我的性启蒙故事

我对性的认知，是完全符合这个过程的。下面分享两件我到现在都非常内疚的事。

大学时我有个很好的闺蜜，她非常温和、包容，对我很照顾，常常鼓励我。我有什么事找她，她都会陪我一起解决，兼职打工赚的零花钱，会请我吃好吃的。我们彼此帮助、陪伴，让我觉得大学生活是如此美好。大二的时候，她

Chapter 4

恋爱了，但男朋友在异地，两个人每天都会发短信。有一次，我无意中看到她的短信，一些我认为"不堪入目"的词汇映入眼帘，我好奇地看了几条她和男朋友互发的信息，内容都是对性很具体的描述，两个人表达着对情欲的渴望。当时我非常震惊，有一种她那么纯洁美好的女孩儿，怎么能说出这样"肮脏"的话的感觉，心想她一定是被那个男生引导的。我就跟她说，你不要和那个男生在一起了，他不是什么好人，怎么能说这些话呢？她说这个无关人品，是他们的自由，我不应该有什么偏见，于是我们发生了第一次争吵。当时我陷入了性和人格绑定在一起的羞耻感里，觉得她变坏了，便不自觉地和她渐行渐远了。现在想想，是我自己的羞耻感让我对她产生了偏见，给她造成的伤害，让我深感内疚。

让我非常内疚的第二件事，也发生在大学时期。我和闺蜜疏远以后，自然地就和另一个舍友更亲近了，我们经常在一起玩，分享吃的、互换衣服穿，在生活费不够的时候互相救济，跟亲姐妹一样。

有一天，舍友出去办事回来后就身体不舒服，面色苍白地在床上躺了好几天。我一直劝她去医院看看，她就是不去。后来，宿舍里另一个关系很好的舍友悄悄告诉我："她去打胎了,不让我告诉你,你平时一直说女孩儿要洁身自好之类的话,她怕你会歧视她,认为她不检点。"

当时我听了,心里内疚极了,我的好朋友在遇到这么难的事时,却不敢告诉我,就因为我对性羞耻有一些偏颇的看法。

这件事也是个切口,让我意识到这种偏见是对女性群体的"迫害",而我也开始慢慢正视"性"。

这个舍友,后来也成为我探讨女性成长、情欲的主要对象,在我们都快 30 岁的时候,她还说:"从打胎之后,一直对性充满恐惧。"这也导致后来她在交往一个很好的男孩时,想起自己的过往,会有很深的不配得感。这些都会困扰她去体验性,她对这件事的欲望也变得很低。

跟女性朋友们聊天,我发现少有人觉得性很有意思,大多数人觉得并没有太享受这件事,或者只是偶尔有好的体验,但是又不好意思沟通自己哪里体验好,感觉是羞耻的。

交流多了,我慢慢觉察到这种羞耻感来源于从性征发育到社会评价,都把性和人格绑在一起。当我意识到这些,便开始慢慢地挣脱枷锁,把性从羞耻中拉出,感受情欲的美好。

Chapter 5

用审美成为"生活家"

Chapter 5

从美食中寻找生活的"小确幸"

从小我就对各种食物有着天然的渴望,什么都想尝尝,生吃的,想做熟了看看;熟吃的,想生着啃两下。记得小时候哭得稀里哗啦时,妈妈只要给我一包饼干,我就能马上停止哭泣,然后坐在沙发上,认真地吃饼干,嘎嘣咬着吃一块,含在嘴里慢慢地吃一块,搓成饼干渣吃一块,泡牛奶里吃一块……一包饼干我能吃两集电视剧的时间,过一个快乐的下午,然后忘掉为什么而哭。

成年以后,我流泪哭泣的次数减少了,烦恼却多了很多,一包饼干已不再能治愈我,但是一顿火锅可以,辣得额头冒汗,嘴唇变色,心里那说不清道不明的郁闷也就发泄出来了。

"能吃"是福，美食治愈生活

美食，在人生的诸多场景里扮演着重要的角色。有开心的事时，朋友们聚在一起吃顿好的；有不开心的事时，朋友们陪着吃顿好的。哪怕诸多眷恋被扯断，也还有美食。

我一直相信，人只要爱吃，就容易获得满足。

还有"口腹欲"，真的是一件值得开心的事。在举步维艰、觉得辛苦的时候，在未来迷茫、没着没落的时候，吃点儿什么，让胃和心都得到满足，会让你有真实的幸福感。

Chapter 5

食物也特别可爱，瓜果蔬菜、鸡鸭鱼肉，麻辣的、酸甜的、咸鲜的，做成各种"治愈"的模样，为我们制造每一天的美好时刻。

所以，我们要认真吃，我们越能感知食物的美，就越能汲取食物的能量，这既能补充营养也能慰藉精神。

但是，我们在吃美食的时候也要注意以下几点。

爱吃不等于吃得多

爱吃的人，吃的是食物的味道、食物给予的情感，喜欢吃的会多吃一点儿，但不会吃到撑。吃撑恰恰是没有好好吃，比如边看手机边吃食物，根本没有认真品尝食物的味道，只是机械地填塞肚子。然而，当我们认真吃的时候，时间会变慢，饱腹感会变强。

吃的时候认真吃

想一想，自己多久没有放下手机，专心品尝食物的味道了？现代人普遍觉得坐下来专心吃饭是一件很无聊的事情，必须有别的东西来填充，需要一些影视剧、手机视频等"精神榨菜"来下饭。但是，这样的"操作"，让我们无法与食物好好地联结，味蕾也会慢慢退化。所以，我希望你能尝试放下手机，认真品尝每一种食物，仔细品味每一道菜。

不一定要很"好吃"

《深夜食堂》里有一段台词令我印象深刻：这个蛋饼，我放了苦瓜，出来闯，开头肯定是苦的，但只要你有信心、有坚持，苦尽，一定甘来。

很多食物也许不符合你的口味，但它是万千社会、曼妙自然的一个"缩影"，你可以通过不同的食物，感受世界的丰富与不同。当你的味觉拓展了，变包容了，你的身心也会舒展很多。

下面分享如何更好地体验食物之美，汲取食物的力量。

美食的内容之美：品尝绽放于舌尖的美味

生活中有很多"美食家"，他们可能出现在电视里，也可能是身边人。他们能把一种看似普通的食物描述得美味无比，他们似乎没有偏好，能从任何食物、任意做法中感受到

"美"。但是,我们日常吃东西似乎以习惯为主,常吃的菜就那几道,喜欢吃的就吃到撑,不喜欢吃的就一口不动,这样其实会少了很多与食物相处的、探索的乐趣。

接下来,你可以尝试从以下几个方面入手,慢慢激活味蕾,与食物产生更深的联结,从而更好地获得它们给予我们的力量。

食材本身就很美

在我看来,未经烹饪的食物是大自然孕育的天然艺术品。红色的西红柿、绿色的黄瓜、紫色的茄子、橙色的胡萝卜、白色的花菜……各有各的色彩,各有各的形状和味道。你可以拿在手上,感受它们的质感、重量,它们吸收了阳光雨露,好不容易长大,而此刻就在你的手上,可以滋养你、慰藉你,所以你必须要认真对待它们。

每一种味道都是独特的

人间有各种滋味,让每一种味道都在舌尖留久一会儿,细细品味每一种味道。鲜是怎样的悠长,辣是如何跳跃,酸又是怎么让你的口腔瞬间充满口水,甜又需要怎样的分寸感。这样，味蕾才会变得越来越敏感，对食物才会更有品鉴能力。

不同的烹饪方法

世间的食材多种多样，经过不同的搭配，再使用蒸、煮、煎、炸、炒等各种手法，就会有无穷无尽的菜品产生。你可以认真看每一种烹饪手法呈现的特点：红烧，食材外裹着酱汁，看起来就很美味；清蒸的寡淡，但扑面而来的是食物本身的质感和味道……不同的做法，带给你的感受是不一样的，只有认真去体验，才能提高品位的广度。

食材碰撞的乐趣

尝试同一种食材的不同搭配，也是一件非常有意思的事情。我是东北人，经常吃西红柿炒鸡蛋和辣椒炒鸡蛋，于是我形成了固定思维，认为鸡蛋只能和这两种蔬菜一起炒。直到工作之后，才发现原来很多菜品里都有鸡蛋的身影，黄瓜炒鸡蛋、木耳炒鸡蛋、洋葱炒鸡蛋……与不同食材搭配，鸡蛋就有了不同的味道。所以，你可以多试试一些"非固定搭配"，从中找到乐趣。

Chapter 5

不同地域的做法

每一种食材,不同地域、不同文化的做法是不一样的,比如西红柿,有的地方喜欢凉拌,有的喜欢炒,有的喜欢腌,不同的烹饪方式下,食材的风味就不一样。

你也可以尝试食材打卡,比如吃遍土豆各种各样的做法,吃遍鸡蛋各种各样的做法,吃遍黄鱼各种各样的做法等。这也是一种感受食材的方法,会让你越来越了解它们。

多关注、多练习以上这几个方面,你会慢慢发现味觉变细腻了,对食物的情感也更深厚了,不用吃很多,内心也能获得充实感。

美食的精神审美:
感受藏在美食背后的情感之美

美食类纪录片《舌尖上的中国》里有一段话:"这是剧变的中国,人和食物比任何时候都走得更快。无论他们的脚步怎样匆忙,不管聚散和悲欢来得多么不由自主,总有一种味道以其特有的方式,每天三次在舌尖上提醒着我们:认清明天的去向,不忘昨日的来处。"

食物本身就承载着人类的诸多情感。明明饱腹就可以,我们的祖先还是要创造各种美妙的吃法,表达了他们"不仅仅活着,还要生活"的美好愿望。

其实,我们很多喜欢的"味觉",也是由情感塑造的。比如,你最喜欢吃的一道菜,可能不是哪个饭店的招牌菜,而是你妈妈炒的土豆丝,或者是家乡街头随处可见的热气腾

Chapter 5

腾的胡辣汤……

为什么会喜欢它们？因为它们承载着你的童年，父母的呵护和关爱，故乡里随处可以躲雨的屋檐，嬉笑打闹的小伙伴……你在一碗碗、一盘盘食物里慢慢长大，奔向远方，越走越远……等你再次吃到它们的时候，就像沿着一条时光隧道，回到了再也回不去的小时候，父母还在壮年，你还趴在锅边，等着尝第一口鲜。

所以，除了品尝食物本身的味道，我们也要学着去感知食物背后的情感。就是它们，拴着我们对世界的诸多眷恋。

食物背后的智慧

各地不同的饮食文化，其实都是祖祖辈辈的智慧，是他们探索自然，观察规律，想办法储存食物，想办法让食物更美味。

比如，东北的酸菜，是一种腌渍发酵食物。因为这片土地的冬天寸草不生，人们只能以特殊的形式提前把蔬菜储存下来，于是出现了各种各样的腌菜。以前，有南方朋友嫌弃我，放着新鲜的水果不吃，非要吃罐头！我说："过去物流不发达,我们东北的水果很少,冻果、罐头就成了满足我们'水果欲'的好东西。"

我第一次吃武汉热干面时,感觉和吃压缩饼干一样,太难下咽了。但是,在我了解了码头文化后,才明白在卖力气的时代,有限的胃容量要承载最大的食物热量,热干面能为码头工人提供很高的能量支持。你不得不感叹祖先的智慧,每一种食物,都是一个时代的创造。当我了解了这些,再吃热干面的时候,就有了完全不一样的体验。

还有粥、馒头、饼、打散的蛋花等,它们都是热量有限的食物,却都在尽可能地创造最强的"饱腹感",你可以通过每一种食物,穿越回那个时代,看看在那片土地上开垦、奋斗的祖先们,多么努力地创造生活,所以我们也要好好地生活下去。

除了不同的饮食文化,还有不同厨师、不同角色的人在赋予食物情感。比如,我经常在各种漂亮的小蛋糕里,感受到"被爱",知道了世界上有一群这样的人,为我们创造各种"治愈"的小可爱。还有各种各样的食谱,它们是一群热爱生活的人想让生活变得多姿多彩的"小创造",他们认真对待食物,用食物疗愈生活,就很鼓舞我。

当你吃不惯来自不同地域的食物时，可以先去了解这种食物因何而来，当时解决了什么问题，看到食物背后的智慧，你就会拥有不一样的品尝体验。

当你吃到美味的食物时，可以感受创造它的人，是有着怎样的美好情感与期待，去感受食物本身，就是一种祝福。

食物承载着回忆

食物，也承载着我们诸多美好的回忆，它们往往都是爱的表达。妈妈知道你爱吃酸的，每次给你多加一勺醋；小伙伴从家里拿了一根香蕉，也会想着与你分享；喜欢你的人会记住你爱喝的饮料口味，并会装作不经意地给你买一瓶。

每当我看到车门侧边有零食时，就会想起之前有个男孩儿从我发的照片里记住了我的喜好，然后也悄悄地在他的车里放了我喜欢的零食；我们一起吃饭时，他点的也都是我爱吃的，眼睛里也闪着光，满脸的高兴；当他听到我说"我的朋友们都不陪我吃鸡皮、猪大肠，以后你可以陪我吃了"时，他眉眼间飞起的小骄傲，像是他和喜欢的女孩儿有了一块无人能进的小森林。

很多事我们都忘记了，却又因食物瞬间回忆起来。吃火锅的时候，想起刚参加工作兜里没钱的时候，一桌子人只点了一盘肉，肉刚一涮到锅里就没有了，等到涮肉自由以后，发现味道和那时候的不一样了，因为心境不同了。

刚刚租房时，你经常去楼下的一家饺子馆，老板都记住了你每次点的什么。后来，你在这座城市站稳了脚跟，搬去了别处，再次路过这家饺子馆时老板一眼就认出了你，跟你聊了几句，听到你越来越好了，他也为你开心。

那些路边摊、小店、气派的酒楼和第一次吃的食物、不舍得吃的食物、慢慢厌倦的食物，都是我们生活中的"碎片"，把它们拼凑起来，就是我们的人生。

试着在今晚的食物里感受一下，你第一次吃它是什么时候，它承载了你怎样的记忆。无论悲欢离合，你都在努力地生活，认真吃饭，人间还是值得的。

Chapter 5

从一首乐曲里，
感受一段生活

我们都听过一句话——"音乐是世界通用的语言"，即使有些外文歌我们听不懂歌词，也能在乐曲里感受欢乐或悲伤。

音乐，在我们没有语言的时候就出现了。我们从来自大自然的各种声音里捕捉到了安全、谨慎、冒险等信号。适合生存的泉水边，有水流淌的声音，它慢慢变成了令我们平静的节奏；叽叽喳喳的鸟鸣，告诉我们阳光很好，要出来晒太阳，它变成了让我们喜悦的节奏；呼啸的风声、海浪撞击岩石的声音、深不见底的洞穴的回响，变成了令我们舒缓紧张、压抑的各种节奏……

后来，对声音敏感的祖先们将这些声音编成一首首曲子，同时还创造了不同的演奏方式，让我们在喜庆的时候有喜乐、悲伤的时候有哀乐、压抑的时候有奔腾和挣脱的音乐，使我们的各种情绪在悠扬辗转中得到了释放。

作为一个曾经不喜欢音乐，觉得自己五音不全，没有欣赏能力的人，一点点改变之后，我想跟你分享一些欣赏音乐的小经验。

人人都有音乐审美

音乐类型没有高低贵贱之分，不同的音乐风格有不同的文化和表达，在不同的时期，慰藉着人们的情感。衣冠整洁地坐在殿堂里听交响乐，裹着头巾、穿着棉袄在黄土地上唱信天游，流行的现代情歌，山里的古老对唱，都是人们在想办法表达自己的情绪，无论是无处安放的悲伤压抑，还是期待分享的喜悦，都是美好的存在。

回到自身情感的角度，音乐能引起你的某种情感，继而产生共鸣，你的身体会不由自主地跟随它而律动，你会不自觉地跟着哼唱。有了这些表现，就说明你在这首音乐里体验到了美感。

Chapter 5

　　我们在享受音乐时，要追求的是它带来的愉悦感，而不是为了与别人谈论前奏、编曲、节奏的好坏。当你在倾听它时，就是在审美。

　　音乐属于每一个人，所以不要放弃对音乐的"审美权"。当音乐之声响起，打开你的耳朵和心灵，去感受它、倾听它。

先从你的感受入手

　　我发现，生活中很多人有一个共同的困惑，就是想欣赏音乐却不知如何去做，我的建议是把你的感受放大。比如，电影里有很多种音效，那就静下心来感受：体会恐怖片里制造紧张感的乐曲是怎样的，反复听几遍；温情、催人泪下的音乐是怎样的节奏，也反复多听几遍。另外，我们在看短视频的时候，如果看到了令你感动的、快乐的、治愈的故事，尝试着关掉音乐，看看感受是否差了很多。如此，你就会明白，音乐加强了你的情绪感受。

　　在听歌曲的时候，你可以放慢一点儿，体会前奏带来了怎样的感受,听到歌手的声音时又有什么感受,听纯音乐有什么感受,听歌词又有什么感受……慢慢地你会感受到激昂、悲伤、舒缓的曲子有不同的节奏、旋律,配合的歌词内容也是不一样的,但它们的结合是那么和谐,那么恰到好处,你会不由自由地为创作者带来的美好而感叹。

听得多了,你的感受会变得细腻,情绪会更活跃,对一首歌的体验也会更深。

提高耳朵灵敏度

提高耳朵灵敏度,并不是让你训练用耳朵分辨各种节拍旋律,而是提高对音乐的感知力。最简单的方法就是,多听听不同乐器的声音。

Chapter 5

听一听钢琴的声音，吉他的声音，对比一下它们有何不同；听一听萨克斯和笛子的声音，感受有哪些不一样；听一听中式乐器、西洋乐器，各有怎样的音色。

慢慢地你会发现，你能听出吉他、钢琴、萨克斯的声音，能发现每一种乐器的独特之美，也更明白每一首音乐带来的感受，是那些乐器不同的音色组合，表达了各种情绪。你也会感叹，创造这些乐器的祖先是如何洞察了大自然的声音，这样一代一代，留传给你听。

多听不同类型的音乐

探讨审美到现在，都在说广度与包容，你可以有偏爱，但是多元化的尝试有利于审美的拓展。

在音乐审美上，建议你多听不同风格的音乐，古典音乐、流行音乐、民俗音乐……都可以尝试着听一听。通过听不同国家、民族的歌曲，你能感受到不同的风土人情；通过听古典音乐，你能感受到创作者灵魂里沉淀的思考。

听多了，你的耳朵就灵敏了，感受也更多了，可能身体会有不同的摆动,有时候头摇了起来,有时候腰扭了起来,有时候走路有了点儿舞步。你可能会模糊地知道,身体和音乐是连在一起的,灵魂也是有不同律动的,你就更能感受到音乐和情绪的共鸣,以及音乐对你的疗愈。

不仅是要听音乐,大自然的所有声音,都应该静下来听一听。大风呼啸而过、电闪雷鸣、雨滴拍打窗户、微风拂过树叶、早晨的小鸟叽叽喳喳,以及水壶里的水倒入水杯的声音,与轮胎摩擦地面的声音、汽车尖锐的鸣笛声,这些声音有何不同?

仔细听,慢慢地你就能识别带给我们宁静的、平和的东西是什么,你也会知道在自己耳朵疲惫、心情烦躁的时候,应该躲在哪里听一首怎样的音乐,能让自己沉静下来了。

Chapter 5

透过电影看世界，品百味人生

观看电影，已经成为我们日常生活中一种重要的娱乐形式。但说到对电影的"审美"，我们第一时间想到的是那些专业影评人，他们能分析导演的拍摄手法和电影的创作背景、构图、配乐、运镜等，觉得只有这样，才是欣赏电影，自己只是看个热闹罢了。

电影有"鄙视链"，用大众的说法，好像越看不懂的，越高级；那些大众喜欢的，能让人乐一乐的、开怀大笑的，都上不了大雅之堂，说出来还会被一些懂电影的人"嗤之以鼻"。

我之前为了显得有品位，刻意去看一些文艺片、高分电影，了解导演、电影知识，查影评，写影评。后来才发现，如果我无法体验其中的含义，有再多的相关知识，也是无用的。

看电影，见自己，见众生

电影之于我们，其价值是什么？作为一个普通人，过着自己选择的一种生活，活在那几个固定的地方，认识有限的人，见到的、体验到的，也都是有限的。

但是，电影为你创造了无限，让你进入想象中的宇宙，穿越到1000年前与1000年后，看到了世界的不同样貌；去到了雪山、海底、沼泽，满是鲜花的地方和尘土飞扬的沙漠；还看到了不同国家的人的追求，不同思想的人的生活和奋斗状态。

当你内心有一些小阴暗、奇奇怪怪的想法时，会发现电影里的小美、阿飞也是这样的，世界上有人和你一样，你不是孤独的。

当你为情所困，被生活所迫、挣扎努力也无法翻身时，会从电影里中看到世界上每个角落都在发生着这样的事，你并不是唯一一个被命运针对的人，你不是无依无靠的。

当你有很多无法言说的情愫时，电影里的故事替你说清楚了；当你不敢冒险时，电影里的主人公帮你践行了。

当你看《寻梦环游记》，进入了亡灵世界，就知道真正的死亡其实是遗忘,你就不会再那么恐惧死亡和离别,你也会知道那些被我们记得的人,一直都在。

透过电影,我们见了无限的世界,见了多彩的众生,见了强大的自己,这就是电影的意义。

对电影的审美,就是你能否通过它,进入未曾去过的世界,拥有未曾体验过的生活。因为电影,你拥有了百味人生。

看不同类型的电影

尝试让自己看一看各种题材的电影,每一种电影题材都会以不同的视角呈现这个世界。科幻片能让我们感受到科技的力量和人类想象力的神奇;文艺爱情片能让我们安静下来,细细体会爱情的小美好或者缺憾;悬疑片、犯罪片能让我们看到人性的丑恶以及善良美好。

你看的电影类型越多,边界就拓展得就越宽。最主要的是,你不会再固执地认为世界只有一种样貌。

同样是爱情,不同的编剧、导演有不同的立意,有人表达浪漫，有人表达缺憾，有人告诉你爱情永恒跨越时间，有人告诉你爱情不过是荷尔蒙，会在婚姻的枯燥里悄然逝去。当你看过爱情的牺牲，看过爱情的狭隘，就不会再固执地认为爱情只有一个样子。

你看的电影题材越多，看待世界的方式也会更多样，如果只在自己的偏好里，只接纳自己喜欢的，不喜欢的就批判，比如你希望所有的主角都如你想的那样选择，如果没有按你想的来，你就愤怒、批判，你看1000部电影，也只是过那种单一的人生。

电影不是只有故事

很多人评价一部电影，就只是针对其中的故事，包括现在很多影视解说，就是告诉你电影讲了一个什么样的故事。故事讲得好，你就觉得电影好；故事讲得不好，你就觉得浪费了一部电影的时间。

除了故事，电影里还有很多东西需要我们留心观察。韩国电影里的拌饭和烤五花肉、美国电影里的威士忌酒吧、

Chapter 5

印度电影里的高种姓和低种姓、国内古装电影里的各种服饰和仪制,以及你平时从未留意的群体,留守儿童、农村老人、艾滋病群体、丧葬从业者、出狱人员,等等。你看到了人生百态,不再以自己的苦为世间最苦,也不会再把自己的幸福变成一种优越感。

电影,是我们学习的一种途径。比如,我做穿搭课程时,经常告诉学员去影视剧里学习,看一看都市剧里,高冷的商业精英、周到细心的职场前辈、事故频发的菜鸟,编剧及导演都是如何用服饰、姿态进行人物塑造的。

除了这些,电影还有演技、运镜、画面等。体现一个人的孤独时,常常使用全景;刻画小人物时,画面往往会变暗;表现不同的情绪、氛围,配的音乐也不一样。

学着慢慢去感受,我们对电影就会有更多的体验。哪怕一不小心看到了烂片,或许也能开阔我们的眼界,提升我们的思维。

体验人物的微缩人生

每部电影,都有不同的设定,主角、配角在一个命题里,面临不同的人生挑战,你可以试着带入一个角色,想一想如果是你,会如何面对那些选择,和电影里的人物有哪些分歧?

比如,你可以带入最讨厌的、瞧不起的、憎恶的那个角色,当你走进那个角色,你会做出不一样的选择吗?你能控制好你的嫉妒、你的恶意吗?

你可能会看到一个对别人要求很高,对自己要求很低的自己;也可能看到一个同样懦弱、同样纠结的自己。你会通过代入，越来越了解自己，也会越来越能够接纳人的多样性。

通过代入，你也能微缩地体验他们面对人生的方式，学会选择的策略，并预演结果，你的人生经验就可能会因为这些代入而翻倍。

多看看不同的影评

我看完一部电影后，有看影评的习惯，会看不同人的不同观点，去补充、丰富我在电影里没看到的内容，同时也拓宽了我的视角。我也会知道，人的关注如此不同，就不会再纠结，为什么他和我想的不一样，他怎么会这样做事，等等。

我们想拓展审美、提升审美，本质是希望这种体验能够扩展我们的人格，让我们不再偏执狭隘，更好地应对自己的人生。

你也可以试着写下看电影的感受，哪怕只是一两个触动你的点，将来翻看的时候，会迅速进入你当时观看的体验中。当然，写不出来也没有关系，不要因此认为你是没有审美的，体验不经过表达的练习确实是说不出来的，但这并不代表你没有体验过。

下面分享我看完《阿凡达2》的一些体验，这些不是影评，只是在看的时候，自己被这几点触动了。

1. 纳威人的问候语是"I see you"，说出口的时候真的非常动人。我们不难发现对他人最大的惩罚，就是忽视他，剥夺他的存在感，让他觉得自己不存在。所以在我的课上也有这个关键词"看见别人"，帮别人存在，你就存在。

2. 高科技的潜水艇在追逐游泳的人时，那种真实又残酷的悬殊力量，令人绝望。但当你看到他拼命游到潜水艇进不去的珊瑚礁时，又会发现这个世界其实有很多缝隙，人永远都有路可以走。

3. 人类在捕杀一只巨大的"鲸鱼"时，以胜利者的姿态说"鱼叉在我手里"，把凌驾在其他生灵之上的狂妄表达得淋漓尽致。最后复仇的"鲸鱼"用尾巴轻易地拍碎高科技设备，让一艘大船毁于一旦，又把人类面对大自然的渺小力量，表达得淋漓尽致。

4.一个灭绝人性的父亲，在儿子生命受到威胁时，选择了妥协；一个厌恶憎恨父亲的儿子，在面对奄奄一息的父亲时，选择了拯救。血脉的连结可能是一些人一生的力量，也可能是一些人一生的诅咒。旁观者总能恨铁不成钢地劝别人放下羁绊，但我从此学会接受，有些东西是一辈子都断不了、放不下的，就让它在那里吧。

5.在风平浪静的时候，一个女性可以像水一样温柔，爱自己的丈夫和孩子，但当危机来临之际，她可以化身为女战士，爆发强大的力量。一个女性站在你背后，不是因为她没有能力站在前面，只是她选择站在背后而已。

电影还有很多地方都非常触动我。总之，坐下来认真看三小时，你会更想爱自己的家人和朋友，也更想爱自然生灵，会尝试悠长的呼吸，也能在洗手、喝水的时候，更加感知到水的力量。

很感谢，这世界有电影。

现在，就给自己制订一个观影计划吧，不同国家的电影、不同类型的电影各选一部，安排时间看起来，走进电影的世界，看看你的体验是否会变得不同。

Chapter 5

透过艺术品，
看到思想具体的样子

提到艺术品欣赏，你可能觉得这是需要专业知识的，至少要有文化底蕴，也要了解一些艺术家。确实，艺术鉴赏是需要学习的，但我想这并不一定是你的兴趣。

对大部分人来说，只想以一个普通人的视角去欣赏艺术，在看到一幅画、一个雕塑的时候，希望能够有一点儿审美的方向，有一些体验。其实没有任何知识背景，我们也是可以去欣赏艺术品的。

艺术家是稀缺而珍贵的，他们创造的东西之所以被称为"艺术品"，能留传下来被世人欣赏，最主要的原因在于，它们本身也是在某个时代、某种背景下，一种思想很具体的样子。艺术，包含造型艺术、行为艺术、表演艺术、语言艺术等，即代表了人类思想表达的东西，都可以被艺术化。

接下来的分享，告诉你如何从普通人的视角去欣赏绘画、雕塑、摄影作品，才能获得一些"艺术感受"。

艺术品是艺术家思想的呈现

比如，你看风景是具体的，但是有一些艺术家，他好像站得很远，只看到了一些模糊的色块，那些风景是简化又浓烈的，你就从这幅画里，看到他视角中的景色。

还有一些画家创作的地狱、恐怖的画面，你看着是不愉快的、不舒适的，但是你知道了恐惧具体的样子。此外，很多艺术家笔下的丑陋的人物、迷乱的画面，都是艺术家的纠结、犹豫、叛逆、恐惧，是思想里折磨他们的东西的具体呈现。想象一下，你表达你的恐惧会用那种恶魔吗？表达你的逃避会用灰暗的颜色吗?

艺术品,就是艺术家为你拓展的一个世界,你未曾想象的、未能具体化的事物,他们为你呈现了出来。欣赏艺术品,也是在和艺术家对话,你可以静静地站在一个作品前,去想象艺术家是个怎样的人,他想对你说什么,这是一件很有意思的事情。

你也行,但是他先想到

很多人在艺术馆里看到艺术家泼的墨、在一张白纸上画的几条线时,就会说:"就这?我也行。"

你也行,但是你没有想到可以那样去表达。有些艺术家讽刺故作高深的艺术,把发黑的香蕉放在展馆里,说这就是艺术。这种讽刺的表达,就是他思想的呈现。

我曾参观过一个摄影展,作品呈现都是微观视角下的世界,生锈的铁、叶子的脉络、湿润的土壤、昆虫的翅膀等,然后就听到有人说"我用微距也能拍出来"。确实如此,但是你之前没有想到这种表达方式。

是这位摄影师把这个视角带给了你，告诉你这个世界不是只有大，还有小。当天看完展回家，我也用手机微距拍了很多东西，沙发的纹理、米饭的颗粒、洗脸巾的小毛边，觉得很有趣，视角变广了，感受到在宇宙中我们就是这样微小的存在，内心深处便不再自我膨胀。

艺术品不一定是技艺高超的、无人比拟的，那些临摹绘画的人也许画功出神入化，但是只能模仿笔触、色彩、手法，永远模仿不了艺术家创作时的思想，作品是有表达欲的。

从这个角度来说，就更不用沮丧自己不懂画、不懂技术了，你站在那里尝试着去感受艺术家眼里的世界，就得到了一种体验的拓展。

艺术家眼中的艺术

艺术家的创作对象各有不同，有人画美女、有人画风景、有人画动物……你可以通过他们的作品去感受他们眼中的艺术。

Chapter 5

比如，你能理解他们画美人、画宏大的宫殿，但为什么还有人会画满脸皱纹的老人、创作阴森恐怖的怪物呢？

比如，一双破旧的农鞋，有什么值得画的呢？但你可以仔细看，想象一下这双鞋的主人，可能是个喂羊的农妇，也可能是割草的农民，他们劳作一天，把鞋脱在这里，画家把它画了出来。你不知道这双鞋有什么含义，但是你能感受到艺术家不再认为艺术是宫廷里的富贵繁华生活，底层人民的世界也是艺术的，苦难里的平静也是崇高的。

摄影师拍的、画家画的、导演选择的题材等，都是他们眼里的艺术，都是值得表达和探讨的。所以，你会发现，世界上所有的东西，都会被看见。鲜花盛开有人创作，花瓣凋零也有人创作，各种色彩，各种风格，都是被接纳的，因此你也一定是被看见、被接纳的，你也是世界的一部分。

有"惊叹感"就足够了

欣赏雕塑、画作、摄影、各种手工艺品，哪怕你的感受不全面，只要有惊叹感就够了。

你看雕塑，不知道它想表达的是什么，但当你看到雕塑家用刻刀将如此坚硬的石头雕刻成一件材质柔软、穿起来很飘逸舒适的"衣服"时，雕刻家用坚硬的材料去塑造柔软的功夫，难道不值得惊叹吗？

看到半山高的大佛，你不懂其文化背景，但想想古时候没有起重机、挖掘机，人们用自己的智慧和体力建造出如此巨大的佛像，也是值得惊叹的。那些你画不出来的画、绣不出来的花，你的惊叹感，就把你带入了一种敬意里面，你也会感激这世界有人在创造艺术，在表达人类独有的情感与智慧。

有一次，我带着十一岁的外甥看摄影展，他百无聊赖，觉得没什么可看的。我指着其中一幅，说："你看，这是阳光的形状，是一束束的，你见过吗？"外甥想了想说："好像见过又好像没有。"我说："你看，你不用心看这些，觉得很平常，但是有人觉得一束光很美、雨滴也很美，拍下来你看，你感受如何呢？"我外甥说："有他们真好。"

然后，他认真地看着眼前一幅幅作品，还就其中一幅老桌子的照片说："我奶奶家也有这样的一张桌子，我去奶奶家就是在这张桌子上吃饭的，这张照片把它拍得好古老啊！"

Chapter 5

很多家长觉得孩子的艺术启蒙,必须从高深的艺术开始才行,其实艺术不在高大的殿堂里,它就在你我之间,让艺术启蒙从生活开始吧。

以上,就是我分享的在日常生活中欣赏艺术的方法,旨在帮助你在生活中增加一些艺术感知。如果你有兴趣去了解艺术史、学习艺术,可以买几本专业的书籍看看,了解知名艺术家的背景、故事,才能更进一步地去感受他们的作品。

古董，
让你看到时间的流淌

很多人走进博物馆，看见一些古董，不明白其中的美在哪里。远古时期人们使用的器皿、斧锯等，既粗糙又笨拙，和现在的工艺怎么比呢？

这就是我们前面一直说的，如果只进行内容审美，你可能看不到它们美的一面，当你通过它们进入一个广阔的精神世界，看到简陋的陶器上人们画了太阳、森林、大海，就能感受到我们的祖先怀着对自然的感恩，也渴望拥有自然的力量，是一种情感里的美好期待。

记得我第一次见到乐山大佛时，导游讲解古代的乐山位于三江汇流之处，水势相当凶猛，每到夏季汛期，江水直捣山壁，常常造成船毁人亡的悲剧。为了减杀水势，唐玄宗于开元元年决定修建乐山大佛。但当时没有现代化的机械臂等工具，全部靠人力一点点在山壁上开凿，创造了人类的奇迹。

仔细想想，大佛建造的背后一定有无数的苦难和死亡，但是乐山大佛的面容是微笑着的，是祥和的。我想，这就是人们的寄托吧，希望来世美好，希望佛佑众生，是人们的美好情感的表达。

这些古建筑、古董，标记着我们的来处。人的肉身不停陨灭，社会也一次次改朝换代，但是人们的智慧、对美的渴望，变成了各种各样的物品、建筑、文化，在这片土地上留传下来。我们经过它们、看到它们，就像短暂地穿越了时空，看到了那时的人们是如何生活，如何想办法去创造美好的：一个器皿明明能使用就可以，却还要在它身上绘制各种花纹，做出不同的造型，开发更多的制作材料。这种变化更迭，就是一代代美好渴望的实现，直到今天我们还是如此。

十多年前，我跟一个朋友逛博物馆，她说第一次深刻地感受到了"祖先"，感受到了人们一直在努力生活，并一直把这种愿望传递下来。

所以，哪怕你不懂任何古董的背景知识、鉴赏知识、结构、历史等，也可以去欣赏，去感受在那个时代，它们为什么被创造出来,它们寄托了人们怎样的情感,这样你就对它们产生了审美了。

多逛博物馆

很多人觉得逛博物馆好像是"文化人"的专属,自己也看不懂,只能看个热闹。千万不要用有没有文化来衡量你"配不配"看,你对万事万物都有欣赏的权利。正如本书所说,审美是你和它联结产生的情感,只要认真看它,你就会有所体验。

无论去旅行,还是在居住地,我都喜欢逛各种博物馆,故宫博物院、黄河文化博物馆、砖窑博物馆、帽子博物馆、情趣用品博物馆等。各地的博物馆大大小小各不相同,我们可以在里面看到一个物品、一种文化的发展史,看到祖先的创造力。

所以，多去看看，看的时候，认真看它的介绍，了解它的时代和文化背景。你也可以代入其中去体验一下那时的人们怎么使用它，过着怎样的生活，你就有了和他们的情感联结，也会更加珍惜这些世世代代，流传下来的东西。

"古董"不仅仅在博物馆里

除了博物馆，生活里也有很多"古董"，比如小时候村里的那口井，可能已经存在了几百年。奶奶说，没有自来水的时候，全村人都在井里打水喝，它哺育了几十代人。你站在它旁边，能感受到它的深沉与厚重，能看到一代代人生活的影子，想象一下发生在井边的故事，你就有了一次小小的时光旅行。

有一次，我去朋友在苏州农村的家里，他带我看了一株两千多年的银杏树，它被雷劈得只剩下一小半，尽管如此依然枝繁叶茂。朋友说，苏州城还没有的时候，这棵树就已经在这里了。我抚摸着这棵老树，看到树下的青石板上有个刻上去的棋盘，已经被时间冲刷得模糊不清了，想想几百年前，已经有人坐在这棵树下下棋了。这棵树也看着来来往往的人们，看着社会在不断地改朝换代。跟它们相比，人类的生命如白驹过隙，我们只能尽力去拓展生命的宽度，认真感受生命的每时每刻。

家里传下来的老物件，一个碗、一只玉镯子、一个木箱子……它们都有祖辈们的痕迹，你抚摸一下，感受生命的延续，就会产生感动的情绪，就会发现，所有"老"的东西，都不再光亮、鲜艳了，它们都褪去了色彩，沉静稳重地在那里，也学会了接纳岁月的赠予，虽然年轻的鲜艳不再，但有从容的阅历之美。

听听那些传说故事

除了古老的物件，还有那些流传的古老故事。只是在以稀奇博眼球的当下，我们可能完全听不进去那些朴素的故事，但真的建议你去听一听。

每到一个地方，查一查当地有什么传说，不难发现，有龙化成的山、有乌龟化成的岛，还有些地方的救世主是天神，有些地方的救世主是一位民间英雄……原来，人们心中力量的来源是不一样的。

我无论到哪里旅行，都喜欢看当地歌舞演绎的民间故事，那片土地上认真开垦的人们战胜怪兽、灾难，那些凄美的殉情故事，等等。地域不同，文化信仰不同，故事类型也不同，但是都歌颂亲情、友情、爱情，都在告诉我们人与自然要平衡，人类要懂得感恩与回报，这就是人类一直珍惜的美好情感。

你知道自己家乡的古老故事吗？你记得当地那些传说吗？在这些传说中人们想传颂什么，希望我们一直守护的情感又是什么呢？

看看不同的建筑

我出生在北方，看的多是红瓦、红砖墙，来到苏州以后，看到这里的青瓦白墙，感受到了不同的城市气息，北方的浓烈，江南的温婉。当我往返南北的时候，会感叹人们对美的追求和智慧是如此不同。北方的秋冬很长，整体萧瑟肃穆，红色的建筑就成了秋冬的色彩，温暖浓烈；江南的树木四季常青，风景优美，建筑只需清雅，不争夺风景之色。

只要你认真观察，就会发现各地的建筑都是人们的审美与智慧。对于盖房子的材料，有的地方用木头，有的地方用石头，有的地方用土，等等。每一个地域的人，都在创造与自然的相处方式，如何就地取材，如何面对气候与动物们的挑战，生活就这样一点点地在变迁。

现在去看看老上海租界的法式建筑，哈尔滨的俄式建筑，我们会看到战争的灰尘，也看到各种文化的融合。当你登上万里长城的那一刻，看到烽火台，看到远处绵延的山峦，一场场硝烟弥漫的战争仿佛就在眼前，也许心中就会升腾起对现在平静而美好生活的感恩。

在这个世界上我们并不孤独，有祖先、有这片土地上奋斗的人们，他们留下了很多痕迹，每次遇见，你都可以与之进行遥远的对话，用审美感受生命的恢宏浩瀚。我们的生命将不再受到时间的禁锢。

Chapter 6

马上就能做的
五件"美事"

Chapter 6

服饰穿搭，
不仅仅是外表的美

在这一小节，我不会讲服饰穿搭的方法，因为穿搭其实很简单（真正阻碍变美的绝不是穿搭技术不佳）。我想讲清楚一个问题：我们和服饰是怎样的一种关系？

那个说自己"不爱美"的女孩儿

讲个故事，我有一个北京的朋友，特意来苏州找我，她说："我想来郑重地感谢你，你让我发现了更丰富多样的自己。"

我们是在商学院认识的,当时大家都知道我是做个人形象工作的,都围着我咨询各种问题,但只有她看起来对此没有什么兴趣。后来,我们分到一个小组,慢慢成了朋友。小组聚会时,我们聊到"魅力",她说感觉自己没什么魅力,不吸引人。有同学说:"可能你长得有些高冷,有距离感。"也有同学说:"可能你不主动沟通,看着比较内向。"

我说:"根本上是你太执着于'固定'自己了,你平时说话经常强调'我性格就是××样的';对一些新的尝试,你会果断地说'我不喜欢××,我喜欢××'。你把自己塑造成一个很'单一'的人,只有一面,不够丰富,但人的魅力恰恰来源于丰富性。"

她回答说:"可能我就是一个很不丰富的人,我觉得自己挺无聊的。"我说:"怎么会呢,你有可爱好奇的一面,对人也很热情,但可能出于自我保护,你更愿意强化自己有距离感的一面,所以把其他面压制了,人不会只有一面的。"

她想了想,坦诚地说:"其实我一直很想向你咨询形象问题,但是我总觉得我是一个工科女,应该靠能力,不应该关注形象,所以没有找你。在生活中,我确实有太多对个性与渴望的压制。"

她是一个对自己认识很清楚的姑娘。当时,我们小组成员纷纷说出了对她的观察,觉得她很有魅力,就是太克制了。

后来,我给了她一个行动上的建议,先从穿不同风格的衣服开始。服饰是人的微环境,能够帮助我们放大自己的某些面。比如,穿柔软有女人味的衣服,个性里柔和的一面会被放大;穿帅酷一点儿的衣服,耍酷的一面会被放大;穿色彩艳丽一点儿的衣服,俏皮天真的一面会被放大。

对于我的建议,她给予了反馈:"我也尝试过不同的穿搭风格,但穿在身上就觉得不像自己,怎么办?"

很好解决,硬着头皮穿,多穿几次,慢慢地就会发现这就是自己的"某一面",就会发现自己是有很多面的。当你接纳了自己有很多面,你的"内部系统"就会更和谐,更有能量。反之,如果总是强调"我是怎么样的人",那么你所强调的这一面就会压制你的其他面。

在通过服饰探索自己的过程里,你会对自己更包容、更支持,也会撕下很多对固有标签,用多样的眼光看自己,帮自己找到更广阔的自我。

其实,这位同学对自己观察细致,也是很有智慧的,所以她很快就明白了服饰和自我之间的关系,并快速实践起来,把短发留成了披肩长发,穿衣的风格也开始多样化。等到再聚会时,同学们都说她变美了很多,给人的感觉也不一样了。

变美只是一个看得见的"结果",根本上是不再执着于自己的某一面,内心被打开了,会更有力量去探索自己,也能展示更多样的自己。

她这次来找我,穿了一件肥大的卫衣,搭配着一条宽松的运动裤,戴着一顶鸭舌帽,虽然看起来很矮,但是很松弛。她说:"最近比较紧绷,穿这些宽松的衣服让自己放松一下。"她还顺便吐槽了自己之前的"穿搭理念",只穿高腰线和修身的衣服,觉得显瘦、显高、显干练,但没想明白,一直那么瘦高干吗?一直那么干练干吗?生活里那么多场景,却把自己限制得死死的,真没必要。

别再执着于"最适合自己"

在穿搭这件事上,大部分女孩儿还有一种执着,就是

"只找最适合自己的"。

但是，只穿最适合自己的，人就会越来越单一。其实，第二适合也可以，第三适合也可以，没那么适合，但在一个合适的氛围里，也可以。

在一般的穿搭知识里，有下面三个默认知识点。

1. 你的个性是固定的，要根据个性选衣服。比如，个性比较温婉优雅，那你就适合优雅的服饰，俏皮的、活泼的就不适合。

2. 你的身材长相是固定的。如果你脖子短，最好选择V领和大领口；如果你腿粗，最好穿阔腿裤和裙子，能暴露缺点的紧身裤和紧身裙就不适合。

3. 你的形象表达是固定的。为了增加异性吸引力，服饰颜色必须显白，款式必须显腿长腰细。然而这样的女性往往还在择偶关系里，好像并没有其他的社交场景。

女性有多元的社会关系，承担不同的角色。服饰和语言一样，是有表达能力的，也和语言一样，能塑造你。所以，在我的知识体系里有下面三个底层默认知识点。

1.你的个性是多样的,穿什么样的衣服,就能放大哪方面的个性,就像演员可以演很多种角色一样。

2.你的身材气质都是可以调整的,可以利用不同的服装线条、材质,去塑造你的身材。比如,身材圆润丰满,想干练一些的时候,就用服饰"削薄"一下身材,增加点儿直线。记住,从来都没有"你身材圆,就不能穿直线"这样一种说法。

3.你的选择是丰富的,每个品类、每个颜色、每个风格里,都有适合你的服饰。

Chapter 6

所以，我一直说，我的形象理论是最自由的理论，你学完以后不是获得了"这个我不能穿，那个我不能穿"，而是"原来我可以尝试这样，也可以尝试那样"。

别再执着于"我喜欢"

大胆尝试并不代表我们的穿搭就没有限制了。比如，成熟度太高，但想要减龄就不能直接穿粉嫩卡通的衣服，这就是边界。在边界之内，仍有大大的空间，比如成熟度高的人虽然穿不了卡通的衣服，但是可以通过穿青春时尚的衣服，来降低成熟度。

一位很有智慧的姐姐，曾经非常执着于自己的"喜欢"，喜欢穿的、喜欢吃的一直不变，觉得这是很简洁、很高效的人生。但是，过了 35 岁，她发现，热情衰减以后，这些东西就变得很无聊，不愿意尝试，也没有新的体验，"路越来越窄"了，心态也越来越低迷。所以，她现在会反过来用一些"外物"塑造自己，比如穿不同风格的衣服，去没去过的餐厅，认识一些新朋友，做一些没尝试过的事，等等。改变之后,她感觉自己越来越有活力了。

我们在年轻的时候,会进行不同的尝试和探索,来确定自己喜欢什么,投入自己喜欢的事物。但过了30岁以后,喜欢会变成一种"安全",让我们越来越不敢"冒险"。

穿了一些新衣服,被人差评怎么办?

吃了新餐厅,没那么好吃怎么办?

尝试了新事物,产生挫败感怎么办?

…………

不敢尝试小小的"冒险",不接受小小的"挫败",越来越保守,越来越单一,就是我们魅力收缩的开始。

我希望,每一个女孩,都能勇敢一点儿,活出越来越丰富的自己,也能拥有越来越多姿多彩的生活。

那我们就从改变外在形象开始做起,不要一成不变,不要坚信所谓的穿搭铁律,先自由一点儿,去感受不同的服饰塑造的不一样的自己的。

我也希望,我们都能直面爱美这一天性,不羞耻于对外在美的追求和营造。我也会给你讲我追求变美的故事,用我的亲身经历告诉你,爱美绝不是一件肤浅的事情。

在我们人生的诸多追求中,变美似乎总是上不了

Chapter 6

"台面"。

变美,不是天生就美。"变",暗示着一个人其貌不扬,却对美有着某种执着。

变美和爱美还不一样,爱美更多的是一个人对自己美的珍惜;变美是一个人对美的渴望,也就是老天没给我,但是我想要!

这种渴望放在别的事情上都是光彩的,比如想要成功、名望、阶级跃迁等,都是励志且上进的。似乎只有变美,不是"正业",比如,大学生说"我想变美",会有人说"你能先考个有用的证吗"。

但是我想说，变美之于人生，意义重大。起码对我来说，它就是我人生的目标。很多人觉得，变美的意义就是"异性吸引力"变强了，过去没人追，现在有人追，仅此而已。

这当然是变美的一个好处，但对我来说，变美最大的意义在于：从此面对任何事情，不再觉得没有办法，不再轻易沮丧和绝望，因为我曾经做成过一件很难的事，在无助和自卑里，真切地改变过自己。

爱美从来都不是肤浅的

我的原生体质属于易胖型，眼神比较呆，大人们总说我长了一副看起来不太聪明的样子。青春期时爱冒痘，头发稀少贴头皮，脸大五官小，其貌不扬，甚至还被说丑。我听得最多的话是，这孩子挑父母缺点长的。

我想要变美，是从一场暗恋开始的。那时，我决定好好减肥，好好打扮自己，默默努力，然后惊艳所有人。在改变的道路上，我们可能会遇到一些困难和挫折。比如，可能会有人对我们的努力不理解，甚至说出一些不友好的话。面对这些情况，重要的是保持内心的坚定和自信。

在这个过程中，我们可能会感到孤独或沮丧，但请记住，改变是为了自己，而不是为了取悦别人。

我也想过，我觉得比起变美，好好学习考第一就相对来说太容易了！我为什么不在我的优势里高高在上，非得跑到别人的优势领域里，受人嘲讽呢？

但是，我没有放弃，我内心坚定地认为，我是可以改变的。我想变瘦、变白，在经过只吃水煮白菜，在脸上涂鸡蛋清等一系列操作后，我的状态反而越来越糟。减肥反弹，从120斤长到了138斤，皮肤也变得敏感爆痘，怕风吹、怕日晒、怕灰尘，脸上全是疙瘩、痘痘。

我的经历是不是像极了人生？很多文章告诉你，只要你有决心，有行动力，就会成功，但事实上，你没有更好，反而变得更糟。

那时候我的心态都崩了，对世界满是恶意，人缘变差、咒天骂地，学习成绩也直线下降。马上就要高考了，老师家长都开始介入，让我抓紧把心思放在学习上，别整那些没用的。

这就是挫败感，它会吞噬你，会让你自我怀疑，不停攻击自己，觉得自己无能、没用、毫无天赋，你抱怨、绝望，甚至诅咒命运……

但最后，你还是要做出选择，这条路，你还要不要走下去？我的答案是——我要走下去！

我对变美拥有真切的渴望，不会再假装不想要。只是我明确了，这是一条漫长的路，我不会在几个月里惊艳所有人，我要像做其他事一样，脚踏实地。我也开始明白，好像不是瘦了白了就好看，我们学校里受欢迎的女孩儿，也有胖乎乎的，也有长得一般，但性格好的。

那时候我感受到了"精神审美"的力量，于是不再执着于外在的长相。当时，我把一个很受欢迎的同学所有的形象指标都列了出来，她的身高、体重、皮肤、头发、五官、站姿、坐姿、走姿、语气语调、穿搭等；然后和我的身高、体重、皮肤、头发等做了一个对比。我突然发现了一个事实，她看起来干净清爽，腰背挺拔，温柔文静，声音甜美，笑起来有一种天都亮了的感觉；而我粗鲁又油腻，老气横秋，眉头拧在一起，走路横着膀子晃，跟男生开玩笑一拳都能把人打出内伤，一笑露出上牙膛……

这些不都是能改的吗?

于是,我给自己列了一个计划表:每天练习笑容,让自己身姿挺拔,先找回青春该有的"精气神"。慢慢地,我的心态越来越好,从照镜子嫌弃自己,到能发现自己的优点了。

我开始有了一个信念:你觉得没有办法的事情,只要再观察观察,可能就出现新的机会。

这个信念,帮我在后来的人生中,解决了很多问题,创造了很多机会。比如,我意识到自己不是一个有才华的建筑师,就果断转为管理岗,成为行业内最年轻的职业经理人。后来在创业的过程中,面对很多诱惑,我坚定地选择那些真实而踏实的事情,生活一点点好了起来。

所以,变美之于人生的意义,远远不止外表变漂亮这么简单。它帮你树立"你能成事"的信心,改变你对自己的看法,建立你对自己的主权,并不断把这种信念延伸到你的人生中。

后来,我创办了一个28天蜕变训练营,看着成千上万的学员蜕变,没有人会反馈说"我变美了,我得到谁谁的夸奖了",而是说"我对自己有了不同看法,我的人生信念从此不一样了"。

讲我的故事,就是想告诉你,爱美、想在外表上变美,绝对不是一件肤浅的事情,你要直视你的渴望,通过改造自己的外在,获得改变一切的信心。

Chapter 6

断舍离，洒脱地放手

美，意味着和谐有序，在有序中我们感觉到身心的通畅和愉悦。近些年，备受关注的家居美学，就是主张营造身心环境之美，让美近在咫尺。

但是，在现实生活中，我们可能受限于房子的大小、装修等，在家居美学里并没有足够的发展空间。而断舍离，确实是人人都能做到的最基本的"环境美学"。

通过断舍离，我们整理堆积的物品，从而整理内心的混沌，让我们的身心更通畅。

断舍离的不仅仅是物品，也是人生

山下英子在《断舍离》一书里说：断，断绝不需要的东西；舍，舍去多余的废物；离，脱离对物品的执着，现在对自己来说不需要的，就尽管放手。断舍离与其说是整理物品，不如说是整理人生，在这个过程中我们会逐渐明白，放下不适合的人事物，才能专心做自己，迎来真正的幸福。

山下英子老师的话对我影响很深，下面分享十句我总结出来的话，希望也能给你带来启发。

1. 无能为力的事，当断；生命中无缘的人，当舍；心中烦欲执念，当离。

2. 把无法发挥作用的物品放在一边置之不理，或是随意对待自己根本不喜欢的东西，再或者，明明根本不在意那个东西，却因为某些感情而留着它，你喜欢这样的自己吗？

3. 把房间搞得脏兮兮的人也一样，大多数都有自我惩罚的倾向。如果你觉得自己也是这样的，那首先得承认这种现状。并且，能够做出改变的，也仅有你自己。

4. 经过不断地筛选物品的训练，当下的自己就会越来越鲜明地呈现在眼前，人也就能以此确定出准确的自我形象。

5. 和物品成为好朋友，也就是和自己喜欢的东西生活在一起。

6. 把不重要的东西腾挪出去，才能让有价值的事物进来。

7. 如果能真的留下必要的物品，那么分类、收纳物品之类的技巧也就没什么大的用处了。

8. 不会再穿的衣服，不会再用的东西，以及不会再联系的人，一定要学会断舍离。他们占据了你身边的空间，为你累积了太多的负面情绪。

9. 不管东西有多贵，多稀有，能够按照自己是否需要来判断的人才够强大，才能放下执念，才能更有自信。

10. 扔掉看得见的东西，改变看不见的世界。

当然，断舍离的有些观点我也并非完全赞同，如果过于执着于断舍离，会对自己复杂的情感缺少包容，总是自责自己不够果断。接受自己目前能够断舍离的程度，为人生适当地做"减法"，腾挪出物理空间和心理空间，让我们有更多的时间、精力、空间、金钱去做真正重要的事情，就很好了。

下面分享我的断舍离清单,希望能对你有所帮助。

"物"的断舍离

整理空间

空间整理的重点是办公工位和家里的房间。

1. 一些过期的、陈旧破损的东西果断丢掉。比如,过期食品、用品,磨破的各种保护套,老化的垃圾桶,损坏的小物件等。

2. 长期用不着的东西。比如,一直没拆封的化妆品、赠品,凑单打折时买来的无用的物品,想办法处理掉吧。

3. 各种空盒子。比如,不舍得丢的名牌包装盒,果断当废纸卖掉吧。

4. 想废物利用的东西。别想太多了,丢掉吧。

以上这些,不会再用、看着心里也堵得慌的东西断舍离后,空间会多出来一大半,内心无端的焦虑和繁杂也会被清理掉一大半,心里瞬间轻盈很多。

清理衣柜

衣柜,是女孩子的"重灾区",整理衣柜时也能发现一路走来我们想要成为什么样的自己。

1. 果断舍弃那些破损、变形、发黄的衣服,起球严重、领口袖口松弛的衣服。

2. 看起来廉价感强的衣服,可以舍弃。比如,价格很便宜的上一季流行款,看起来过时的、年代感强的,果断舍弃。

3. 与个人风格不符合的衣服,选择性舍弃。比如,长相成熟的人,衣柜里过多公主风、甜美风的服饰,可以送给更适合的人。

4. 与当下人生阶段不符合的衣服,要舍弃。有些服饰购于人生的上一个阶段，那时候可能自卑、可能有不配得感，会买一些色彩暗淡、价格低廉的服饰，也可能想通过服饰提振信心，买很多大品牌的衣服。现在的你自信、从容了，对自己更笃定了，就可以与上一个阶段好好告别了。

当你留下的衣服都是自己喜欢的，与自己匹配的，是自己会经常穿的时，你就会发现自己的形象在逐渐清晰，内心也会自信坚定很多。

"信息"的断舍离

清理电脑、手机

卸载从来没打开过的软件，把电脑的文件夹分类，查找的时候能够一目了然。删掉手机相册里与美好无关的照片，或者没有记忆价值的，留下那些记录生活、能唤起回忆的照片。

Chapter 6

关注的社交媒体

取关雷同的账号,取关到处搬运内容、标题党、贩卖焦虑或恐惧的账号,留下高质量的账号,能补充多元信息的账号,让自己获取的信息更优质。

想学的知识

当下大多数人或多或少都有知识焦虑,想学的特别多,报了很多课程,买了很多书,但学习不了,也消化不了。此时正确的做法是,果断选择当下最能行动起来的学习方式,或者去学习自己最想学的知识。

"关系"的断舍离

整理通讯录

每年我都会非常认真地整理通讯录,这是对关系的一个整理。可以清理掉微信通讯录里从来都不与你互动的或者动不动就冒出来给你添堵的人,删掉以后,你的朋友圈会变得高质有趣。

勇敢删掉那些纠缠的关系吧，虚伪的朋友、旧爱、得不到的人……让你的期待总是落空，让你自卑、怀疑自己的，都不是好关系。你可以活得更潇洒，不要陷入等待和被选择。删掉吧，可能会痛一下，但有束光会照进你的心里。

重新定义与自己的关系

我们总是忽略与自己的关系。不妨在每年年底时，想一想自己是如何看待自己的。你是不是对自己过于苛刻，觉得自己处处不如别人，因此产生了焦虑？你是不是对自己过于放纵，认为自己只是漂在海

Chapter 6

面的浮板，任命运带你漂向任何方向？你是不是从来没有关注、关怀过自己，对自己的缺点、错误耿耿于怀，不肯给自己新的机会？

无论怎么样，要知道你是这个世界上最懂自己的人，最有能力爱自己的人。所以，要接纳自己，接纳自己的样貌、瑕疵，接纳自己的笨拙、迷茫……

其实，断舍离带给我最大的喜悦是：当你决定告别时，你感受不到失去，因为失去是一种被动的情绪，而主动丢弃却是你自己的选择，它代表着你是你生活中唯一的主宰，你能决定你将过怎样的人生。

试着去断舍离吧，你会有一个新的关于自己的开始。

仪式感，
切断生活的平庸重复

大家经常说这样的一句话：生活需要仪式感。那什么是仪式感呢？就是通过一些事，标记今天和昨天是不一样的，来切断生活的重复无聊。

为什么需要仪式感

《小王子》中有这样一段对话：

小王子在驯养狐狸后的第二天又去看它。

"你每天最好在相同的时间来。"狐狸说，"比如，你下午四点来，那么从三点起，我就开始感到幸福。时间越临近，就越感到幸福。……我就发现了幸福的价值。……所以

Chapter 6

应当有一定仪式。"

"仪式是什么?"小王子问。

"它就是使某一天与其他日子不同,使某一时刻与其他时刻不同。"狐狸说。

我们需要一点儿不同,今天的自己不同于昨天的自己,今天的生活和昨天有点儿不一样;我们需要一点儿纪念,在时间的洪流里有那么几天是闪光的、是值得期待的;我们有时也需要一点儿浪漫,一束梦幻的鲜花。这样我们对明天、后天的生活,就有了足够的期待。

你是一个有仪式感的人吗

提到仪式感,很多人觉得"矫情",不是一个踏实过日子的人应该追求的。其实,仪式感不用想得那么隆重,甚至不需要别人为你制造,就在你自己的生活里,在每一天里,你都可以给自己一个小小的仪式。

比如,我每天早起的闹钟是大自然的声音,每当闹钟响起，听着舒缓的大自然的虫鸣声、泉水声，揉揉眼睛，伸个懒腰，仿佛在森林中醒来，这是开启美好一天的仪式。

睡前，我会做一些拉伸动作，喝一杯蜂蜜水或者牛奶，有时候会泡个澡，这是结束美好一天的仪式。

当然，我也很愿意给亲朋好友制造一些仪式。比如，朋友顺利通过考试拿到驾照，我会送束鲜花；妈妈做了一件很有成长意义的事，我会送她一个成长蛋糕。你会发现，那些具有仪式感的人，更有表达爱的能力，也容易获得更好的关系。

所以，你也可以尝试一下，让生活多点儿仪式感，与你爱的人一起，创造一些不同。

如何建立仪式感

下面给大家提供了一些建立仪式感的方向，你也可以试着去探索你生活中的仪式感。

Chapter 6

礼物本身就是仪式

准备礼物这件事你一定不陌生,几乎每年我们都会在重要的日子里精心准备礼物,比如闺蜜的生日、妈妈的生日等,我们都会送上一份精美礼品。但我想补充的是,不是必须在重要和特殊的日子里才送礼物,稀松平常的日子一样可以。

比如,你去外地旅行回来,给亲朋好友或者公司同事带些当地的土特产;关系较好的同事升职加薪了,老公升职加薪了,请他们吃顿大餐或者送个小礼物表示庆祝;婆婆最近迷恋上广场舞,每天跳得可开心了,你完全可以送给她一套跳舞服,表示鼓励。

这些"小动作",都是点滴生活中仪式感的培养和建立。

给生活找点儿主题

我们平时的生活太没有主题感了。生活中都有哪些主题呢?比如,家庭会议主题、闺蜜主题、亲子主题、成长主题等。

这并不是一种"形式主义",而是你对生活的重视,对自己和身边人的重视。比如，我和闺蜜小七（"自发光"联合创始人）、二姐（"自发光路人甲天团"二姐）、栗子（"自发光路人甲天团"三姐）认识第七年的时候，举办了一个"七年不痒"的闺蜜主题聚会，大家凑到一起回忆这七年中的难忘经历，从开始创业携手走到现在的点点滴滴，聊一聊一路走来的成长和变化，真的是满满的回忆和感慨，也让我们更加珍惜和感恩这份美好的友谊。

再如，家庭会议主题，你可以一个月、三个月展开一次"家庭会议日"活动。一家人坐在一起，聊聊过去一段时间自己对家庭的贡献，感谢对方为你做了哪些事，说一说对未来家庭生活的期待，如何一起构建更美好的家庭氛围，等等。

如果我们的生活没有主题，没有一点儿仪式感，总是稀里糊涂地过完一天，过完一个月，过完一年，仿佛被时间的洪流裹挟着往前走，那真的会错过生命中很多美好的风景。

特别的一天和特别的东西

比如，某个月2号你遇到了很好的事情，那可以把每

Chapter 6

个月的 2 号当成你的幸运日，当下一个幸运日到来时，你就会带着满满的信念感和正能量过完美妙的一天。

你也可以给自己选一个幸运色，它区别于其他的色彩。每当你穿这个颜色的衣服或者看见这个颜色时，都会给自己一种"我是幸运儿""好运来"的暗示。我的幸运色是紫色，因为我曾经在遇到一个重大好事时穿的是紫色的衣服。现在每次出席重要的场合，或见特别重要的人时，我都会穿件紫色服装或者佩戴点儿紫色的小饰品，这会让我有一种特别的喜悦感和仪式感。

你可以回想一下属于自己的幸运日、幸运色、幸运物、纪念日等，让生活多一点儿期待。

生活中多些好"伴侣"

对自己常用的工具,你可以多用心一些,买一些特别喜欢的。比如雨伞,在地铁站随便买的一把和用心选择后买下的一把,在使用时你的心情是不一样的,你对于下雨天的记忆,也会因此不一样,你会因为喜欢一把雨伞,而在下雨天拥有好的心情,为自己创建一个美好的、关于雨天的仪式感。

再如,一些漂亮的餐具、好看的杯子,都可以让你在吃饭、喝水的那一刻心情变得不一样。用心挑选生活中经常使用的工具,使用时就会有小小的仪式感。

给自己培养一些小习惯

在日常生活中,我们可以培养一些小习惯,规律性或者周期性地去做一些事情。比如,一个朋友每周五下班后都会在家看一部电影来放松;你可以在周末某个固定时间段整理房间,给物理空间做一次大扫除;我会定期约朋友去郊游踏青,享受大自然的美好。

你也可以培养一些有特殊意义的习惯,比如,每个月有一天是不用手机的,有一周的晚上是要读书的,等等。让这一天切断以往每一天的重复性,就是很好的仪式感。

做个人成长记录

我是一个非常喜欢记录生活的人,也会发朋友圈纪念日常生活中发生的"不平常"小事。有时候我也会像八卦别人的故事一样"窥探"自己的朋友圈,每当打开朋友圈看过去的自己,发现我曾经因为失恋哭得梨花带雨,伤春悲秋,感慨原来自己也有一段"恋爱脑"的经历,发出了"这就是青春啊"的感叹。

现在,很多姑娘都在用手账本,一本小小的笔记本,承载了多少心事、愿望、秘密、对生活的感悟……它就像你的朋友一样陪伴着你,静静地听你诉说今天做了哪些事、见了哪些人、花了多少钱……

记录,不仅仅是为了回忆和复盘,记录的过程也是自我探索和成长的过程:你比昨天认识自己更多一点儿,进步更多一点儿,成熟更多一点儿,一步步活出更闪耀和美好的自己。

你可以试着从上述介绍的某一方面开始,给生活制造仪式感,你会发现生活不再重复无聊,生活慢慢有了美感,幸福感也会越来越强。

从现在起,给生活加彩蛋

最后,说一个很触动我的故事。我曾经看过的一本画册 *SAPEURS : The Gentlemen of Bacongo*,在世界最贫穷的国家之一刚果,有一群男人,他们虽身处社会的底层,却生活得像个绅士。

他们不过是服务员、修理工、货车司机……挣着一个月不足 300 美金的薪水,却舍得为自己置办一套西装、一双手工皮鞋、一块名牌手表。这种近乎魔幻的行为,引起了全世界的好奇,各国媒体都去拍摄他们,让他们穿着自己的时装,站在废墟、工厂和居住的贫民窟里拍照。

有记者问他们:"你们买这些精致的衣服、昂贵的手表,到底什么时候用得上?"这些男人答道:"任何时候都用得上——在辛苦一天的工作后,在约朋友喝一杯啤酒时,在带着女朋友去跳舞的时候……我们穿这些好衣服,并不能改

Chapter 6

变我们的身份、地位,但体面地活着,是我们选择生活的一种方式。难道因为我只是一个矿工,就应该放任自流,粗鄙地活着么?"

分享这个故事并不是让大家一定要穿着精致、买名牌衣服、戴大牌手表,而是希望不论生活怎样,我们都能在自己的能力范围内活出光芒四射的自己。

生活中常常有人抱怨,光是活着就已经很艰难了,还有什么精力去整那些没用的?其实不然,这些事与物都是给自己赋能,给自己生活的一种祝福。你可以让你的生活,更加精彩纷呈。

打扫房间，
营造身心的环境之美

打扫房间，被很多人当成讨厌的家务活，工作已经很累了，还要处理琐碎的家务，想想也够心烦的了。

但我相信，每个人或多或少都有过一种感受：打扫完房间，看着井然有序的家，心中顿时很清爽，一种愉快感油然而生；擦完厨房的油垢、卫生间缝隙中的水垢，那一瞬间心理沉积的压力、情绪，好像也得到了释放。

请开始打扫你的房间

《扫除道》的作者键山先生说："人的心是无法取出来打磨的，所以只能打磨眼前的事物。"认真打扫房间的每一块瓷砖、每一个缝隙，叠好每一件衣服，就是在打磨眼前的事物，让它变得整齐、有序，你内心的杂乱，也会得到梳理。

打扫、整理房间和整理内心息息相关。很多人觉得这是两件毫不相干的事，其实心理学一直说外面的一切都是内心的投射，比如你身体僵硬、不爱运动，当你尝试去运动，让身体变柔韧、不再那么紧绷的时候，你内心也随之放下了一个执着的念头。

世界著名心理学专家乔丹·彼得森（Jordan Peterson）被问道："人没有目标怎么办？"他说："那就从打扫你的房间做起。"打扫房间，就是去做那些你力所能及的、能改善的事。打扫完你会发现，不是你的房间干净了，而是你知道怎么区分混沌和秩序了，有了对周围事物的控制感，你就会把手伸向别处，去创造其他的事物。

你想想，打扫房间说明你有能力把它从杂乱无章，变得整洁分明，你有权利决定空间内物品的摆放与去留，你的人生又有何不可呢？

每当我感受到工作生活有压力，有一种失控感的时候，就会打扫整理房间，放下思考，专心地擦、扫、分类。在这个过程里，我是没有多余的想法的，腰背是弯下的，甚至要跪在地上去擦低处的污垢，这让我感受到行动的力量。刚开始打扫时兴致很低、感到疲惫、百无聊赖，但等擦好一张桌子，或者清空一个抽屉以后，内心的"车轮"就有了动力，一直向前滚动，就想把吊顶的灰尘、各种缝隙的污垢都清理干净，直到房间井然有序、窗明几净。彻底打扫后，躺在沙发上或床上，感受身心干净洒脱的自由，我感觉人生的掌控权、整理权又回到了自己手中。

与其说打扫房间，不如说营造身心的环境。家是让我们身心最有安全感的地方，你可以在家里肆无忌惮地号啕大哭，甚至随意舒适地赤身裸体。家里的一切，都会反过来塑造我们的身心。所以，开始打扫、整理你的房间吧，为自己配置美好的身心环境吧。

Chapter 6

整理房间行动指南

下面分享我在打扫、整理房间时的行动框架,希望能对你有所帮助。

断舍离

这个前文中详细讲述了,先把断舍离的物品分类好,比如,把觉得对自己没用、对他人有用的,整齐叠放好,写一张"需要自取"的纸条,放在小区楼下,会有阿姨们把它拿走。那些你觉得对别人也没有用的东西,就当成垃圾处理。当你看到家里整理出那么一大堆垃圾时,会想象这些东西曾经就在你家里的某个角落,堵塞着一些空间,在丢掉的那一瞬间,你的心里会骤然多出一些空间,拥堵感也就马上消失了,是非常愉快的一种体验。

收纳整理

最近几年,日本的收纳术非常流行,我也做过一些体验和研究,请过收纳师来家里。我的总结是,适合自己真的非常重要,那些过于细致的收纳、叠放物品的方法,真的很难在我的生活里执行起来。

我属于很随意、很懒散的人，叠衣服都不会超过两折，拿放物品也不喜欢打开多层，懒得拧开盖子再盖上，一直钟情于按压式的瓶瓶罐罐。所以，没多久，各种大小收纳盒，被我废弃了一半。

现在我就是根据生活习惯，以拿取方便为标准，进行收纳整理。用衣柜举例子，常穿的衣服放在一个竖格里，爱起皱的挂起来，不爱起皱的叠起来，同色不叠放在一起，否则难以识别。另外，我还网购了一些衣柜层板，隔了很多层，把不常穿的衣服放在一个格里，把外套、衬衣、短裤、长裤等分层放置，拿取的时候也很方便。

厨房的用具、卫生间的洗护产品，常用的放在好拿好放的位置，不常用的分类放置，便于检索。

我妈妈打扫房间，最被我诟病的就是"动线规划"。她来我家住上一段时间，我就会找不到指甲刀、剪刀、牙线、购物袋等。因为她收拾房间采取"就近原则"，在哪里发现了物品，会就近收起来，比如剪刀出现在卧室里，就直接放卧室抽屉。每次她回老家后，我都要重新对物品动线进行规划。

Chapter 6

动线真的非常重要,它就像道路一样,不通畅就会有拥堵感,当你能马上找到想要的物品时,你的控制感会增强。如果要翻来覆去找一个物品,就会增加焦虑和混乱的感觉。

关于动线规划,我有以下几点建议分享。

1. 必须要养成物品定点拿放的习惯。这样即使动线不合理,也会减少找东西的麻烦。

2. 公共物品不要放置在任何私人空间。比如纸巾、牙签、剪刀等,不要放到卧室里去,要放在客厅、阳台等空间的柜子里。

3. 使用频率低的物品,统一收纳。很多人对不常用到的东西,都放得很随意。如果常用的物品乱放,会凭记忆找到,但不常用的物品还乱放的话,真要翻箱倒柜才能找到。所以,使用频率低的物品最好统一收纳在某个柜子里,不要分散。

4. 自己空间的物品放置,要符合生活习惯。比如,我是衣服袜子一起穿,所以会把袜子放在主卧。我朋友是出门时才穿袜子,所以她会把袜子放在鞋柜旁边。也就是说，不一定要符合某些书面上的分类定义，但一定要符合自己的生活习惯。

5.补给品不要太远。比如卫生纸，我家通常是放在阳台的收纳柜里，但是会保证有两卷在卫生间柜子里，用完可以随手补上。

每个家庭的生活习惯不一样，总之你要感受到动线的"绕远""曲折"的问题，不能习以为常，遇到不顺畅的，就应该做出调整。

全面地清洁

有些人的习惯是先打扫再整理，而我是先整理再打扫。在打扫的过程中，我还会再进行二次整理。打扫，一定要细致，每次我都会按区域打扫，先打扫卧室，再往外到客厅、厨房、阳台。

打扫的时候，先顶面，然后再立面的墙、柜之类，最后地面。所有的缝隙，抽屉，瓶瓶罐罐的表面、瓶口，都会细致地清洁。看着水龙头和马桶的缝隙、调料瓶的瓶口，都被擦得很干净，焕然一新，我心里会有强烈的清爽感，这也

Chapter 6

是一种身心的休息。

小小的改变

完成打扫工作以后,我会对家居做一些小小的调整,比如换不同色彩的床单、被罩,卧室的感觉就会很不一样,把家里小摆设的位置换一换,然后,定一束鲜花,插到花瓶里,补充一点儿食物放在冰箱里,拿一些零食放到茶几的水果盘里……

如此,就会有一种生活按了重启键,一切都在重新开始的感觉。

我现在维持着一周一次小打扫,一个月一次大打扫的习惯,让家始终有一种积极的能量场。

马上就能做的五件"美事"

相信很多人都喜欢看家居美学,看着那如诗如画的生活,会觉得自己的家不够好、房子不够大。其实,只要你认真打扫自己的家,用心呵护你的家,它也会给你不同寻常的力量,永远不要逃避自己的生活。

当你每次认真整理自己的家居环境时,就会获得愉悦和畅快,这种感觉会慢慢成为你精神的一部分。以后,不论人生遇到多么烦、多么难的事,你都会想方法清理、打扫一下,为自己创造有序的生活,也让自己拥有美好的生活。

Chapter 6

有效休息，
保持身心的活力

我发现，现代人总是陷入"疲惫"当中，放假躺上一整天，好像依然缓不过来，很难得到彻底的休息。于是，近些年冥想、瑜伽兴起，帮助我们放空，同时让我们也获得了更深度的休息。

休息和审美有什么关系呢？如果我们一直处在疲惫之中，会慢慢丧失对生活的热情，容易抑郁，从而更不容易有审美活动。没有美的滋养，我们也会越来越疲惫，进入恶性循环。所以，休息是很重要的，我们需要学习如何有效地休息，让身心保持活力。

下面分享一些我的看法，以及我是如何获得真正的休息的，供大家参考。

休息的三个误区

关于休息,我曾经有三个严重误区。

误区一:休息需要整段时间

我曾认为,休息是跟工作切割出来,闲着空着才是休息,一定是在一整段时间里发生的,比如国庆放假7天,过年放假7天,周末两天等。然而,这种观念忽略了休息的本质——休息是为了恢复精力,而不是单纯的时间长短。

误区二:休息就是睡觉、放松

我曾认为,休息就是睡好觉、按摩、看电影等,由此才能得到放松,但我这样做了之后还是感觉很累,反而有时候工作非常忙,回家倒头就睡,醒来好像休息得还不错。我由此得出一个结论,睡觉只是针对体力疲惫,对清除精神的疲惫效果不明显。

误区三:忙碌一定没有休息

很多时候我们认为自己处于忙碌的状态下,或者正在做事情，是一定没有休息的。这个真的不一定。有些人一直在忙，但他充满活力，他的状态也很好；有些人一直闲在家里，但他的精神状态非常差，完全没有活力。

所以，休息并不是我们所理解的，日常有一整段时间能宅着、躺着、不工作。有效的休息能使我们保持身心活力，从而能更好地工作、生活。

如何有效休息，为工作、生活积蓄能量

要想有效地休息，就要先知道不同类型的疲劳，休息方式是不一样的。

身体休息——应对体力劳累

体力大量消耗，可以选择身体休息的方式进行休整。比如，爬了一天山，运动了一天，或者从事的是体力劳动，就可以通过睡觉、按摩等方式恢复体力。

你可以早点儿放下手机，睡前泡脚、泡澡，睡时把窗

帘拉好，也可以戴上耳塞，为自己营造安静舒适的睡眠环境，保证有一个好的睡眠，让身体逐渐得到恢复。

但是，现代人很难是单纯的体力劳动者，哪怕送外卖、送快递，也会因人际关系而感到疲惫，所以只靠睡觉、按摩等方式，是难以实现有效休息的。这时，就需要其他方面的休息来配合了。

感官休息——应对视觉、听觉等劳累

我们的感官每天都处于忙碌之中。以我们的眼睛为例，白天长时间盯着电脑、手机，直到晚上睡前还在看，耳朵也常淹没在各种噪声、影音之中，单靠睡觉等方式得到休息，

是不够的。

所以，要经常性地闭目养神，看向窗外，望向远方，每天至少有一小段时间让你的耳边是安静的。这样坚持下来，你的感官会更敏锐，晚上睡眠也会更好。

分享一个很好的感官休息方式——闭着眼睛洗澡。

当我们洗澡时闭上眼睛，静静倾听水声，不要听音乐，也不要看电影。水声是不会造成听觉疲劳的，因为水声是非常原始的白噪声。

我们的触觉也会在这个过程中充分打开，白天很多触觉感官是封闭的，很僵硬、很钝，闭着眼睛洗澡，感受雨水打下来的这种错觉，是很好的感官休息的方式。

心智休息——应对思考、决策等劳累

脑力劳动者，经常需要思考，不停地做决策。

很多人纠结早晨吃什么，中午吃什么，拿着手机也不知道点什么，各种外卖 App 来回看，很难做决策。这会让你的身心感到非常疲劳，还会让你的大脑过度疲劳。

让大脑休息的最好方式是什么？就是停止动脑。

听说最有效的方法是冥想，但如果是那种冥想进行不下去,大脑很活跃的人,该怎么办呢?

我的建议是,让自己动起来。如果你运动时脑子也很难静下来,可以做一些折纸涂色、切菜炒菜、打扫房间等简单重复不需要思考的事情。你可能听说过,一些作家的休息方式就是机械性地锯木头,一些数学家喜欢画画涂色,其实他们都是在停止思考,让大脑休息。

情绪休息——应对紧张悲伤等劳累

如果我们某个阶段总是处于某种情绪中,比如,最近在做一个项目,情绪时而低落,时而亢奋,这样让你深感疲惫。

要知道长期的喜和悲,都不是一个很好的放松状态。所以,我们要识别自己某一个阶段处在哪种情绪里,然后尝试走出来,让情绪得到休息。

比如,最近情绪一直都很紧绷,那就放松一下,和朋友打打牌,出去度个假,等等。

如果你一直悲伤,可以去看看悲剧,为什么不是看喜剧而是悲剧?因为一下子从悲到喜是很极端的。看悲剧其实是一种"代入疗法",将你代入进去,体验一次"良性自虐",在这个过程中,你的整个自我意识会有一个微妙的体验,能让情绪得到释放。

还可以到公园里走走,看看风景。进入一个新的场景,能帮助你从低落、消极的情绪里走出来,你的情绪会得到很好的休息,你也就有了喘息机会。

社交休息——应对社交、应酬等劳累

现代人应酬比较多,有时因为需要经常跟自己不喜欢的人打交道,不得不聊一些自己不感兴趣的话题,这样的社交是很累的。

我曾从事建筑行业,经常有客户来考察,我们就要听很多领导讲他们的辉煌事迹和人生道理。当然,有一些领导的故事我们是愿意听的,有的就真的听不进去,但还要装作很认真地听,适时地充当捧哏,让自己时刻保持着一个表演的状态,所以我经常处于社交疲惫的状态之中。

社交休息的方式其实很简单,就是停止社交。更好的方式是,进行一些亲密的、能够交换能量的社交。

比如,和很亲密的朋友,和你喜欢的人,和父母在一起,彼此都很放松的。

然而我们又确实需要从社交中汲取一些力量,那就停止让你觉得非常累的社交,和真正能给你能量的人在一起。

创造性休息——应对重复、无聊等劳累

如果你总觉得工作或生活很无聊,从中体会到了机械感,你就会缺乏安全感。这种疲惫是由意义感、存在感带来的,它所对应的休息是"创造性休息"。

你可以每天都认真地穿搭,换换风格,看看不一样的自己。时常发起一个小型家庭聚会,和朋友组织一个小活动,这种小事能让你体会到存在感,切断无聊重复带来的疲劳感,从而得到休息。

以上,就是我分享的休息方式,我自己实践时很容易就"满血复活"了。你也可以试试,行动起来吧,愿你能保持身心的活力,一直热爱生活。